AI绘画

Stable Diffusion 图像与视频生成入门教程

来阳 编著

人 民 邮 电 出 版 社
北 京

图书在版编目（CIP）数据

Stable Diffusion 图像与视频生成入门教程 / 来阳编著. -- 北京 ：人民邮电出版社, 2024. -- ISBN 978-7-115-64969-0

I. TP391.413

中国国家版本馆 CIP 数据核字第 2024HS8834 号

内 容 提 要

这是一本讲解如何使用 Stable Diffusion 软件的技术手册。全书共 7 章，包含初识 AI 绘画与 AI 视频、文生图、图生图、Lora 模型、ControlNet 应用、AI 视频、综合实例等内容。

本书不仅结构清晰、内容全面、通俗易懂，而且设计了大量的实用案例，并详细阐述了制作原理及操作步骤，旨在提升读者的软件操作能力。另外，随书附赠教学资源，包括课堂案例、课后习题和综合实例的素材文件、效果文件和在线教学视频，以及教师专享的 PPT 课件。

本书非常适合作为高校数字媒体艺术、视觉传达设计等专业和培训机构相关课程的教材，也可以作为广大 AI 绘画及 AI 视频爱好者的自学用书。

◆ 编　　著　来　阳
　责任编辑　张丹丹
　责任印制　陈　犇

◆ 人民邮电出版社出版发行　　北京市丰台区成寿寺路 11 号
　邮编　100164　　电子邮件　315@ptpress.com.cn
　网址　https://www.ptpress.com.cn
　北京瑞禾彩色印刷有限公司印刷

◆ 开本：700×1000　1/16
　印张：11　　　　2024 年 10 月第 1 版
　字数：316 千字　　2024 年 10 月北京第 1 次印刷

定价：59.80 元

读者服务热线：(010)81055410　印装质量热线：(010)81055316
反盗版热线：(010)81055315
广告经营许可证：京东市监广登字 20170147 号

前言

近年来,AI领域飞速发展，一大批优秀的AI软件席卷而来，甚至越来越多的常用软件也开始为用户提供AI功能体验。作为AI领域分支之一的AI绘画技术也在不断更新换代，以Stable Diffusion、Midjourney、文心一格、腾讯智影为代表的优秀AI绘画软件在艺术领域逐步受到广大艺术家的认可及广泛关注，越来越多高校的艺术设计类专业也开始探索逐步将AI绘画引入相关课堂教学中。

提起AI绘画软件，大多数人对它的第一印象可能是使用门槛低、操作简单、易于掌握。甚至有人可能会想，这样一种通过输入文字就能生成图像的软件还需要专业、系统地学习吗？答案是当然需要。毫无疑问,AI绘画软件使用便捷，但这并不意味着可以轻易学会这类软件的使用方法，想熟练使用这类软件，需要花费一定的时间和精力。

本书主要介绍Stable Diffusion软件的使用方法，包括使用该软件生成图像及视频。本书有以下特点。

入门轻松：本书介绍了Stable Diffusion的基础知识，力求让零基础读者能轻松入门。

由浅入深：本书图文并茂，案例丰富，讲解细致，内容安排循序渐进，使读者学习起来更加轻松。

随学随练：本书合理安排了课堂案例和课后习题，读者学完课堂案例后，可以继续做课后习题，以加深对相关知识的理解。同时，本书还安排了综合实例，帮助读者巩固所学知识。

由于编者时间和精力有限，书中难免有不妥之处，还请读者朋友们海涵、雅正。最后，非常感谢读者选择本书，希望您能在阅读本书后有所收获。

来阳

2024年6月

版面结构

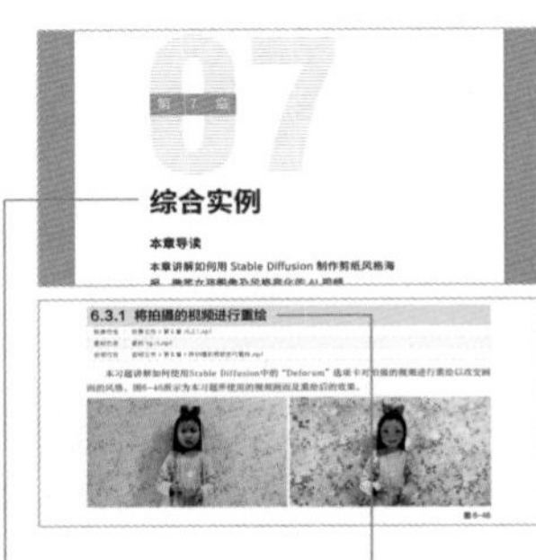

课堂案例：
对操作性较强且比较重要的知识通过课堂案例进行讲解，可以帮助读者快速学习软件相关功能的使用方法。

综合实例：
针对本书内容进行综合性的操作练习，比课堂案例的内容更加完整、操作步骤更加复杂。

课后习题：
针对该章某些重要内容进行巩固练习，用于提高读者独立完成设计的能力。

技巧与提示：
对软件的实用操作技巧、制作过程中的难点和注意事项进行分析和讲解。

文件位置：
列出案例的效果文件、素材文件和教学视频在学习资源中的位置。

目录

第 5 章 ControlNet应用 089

第 6 章 AI视频 127

第 7 章 综合实例 157

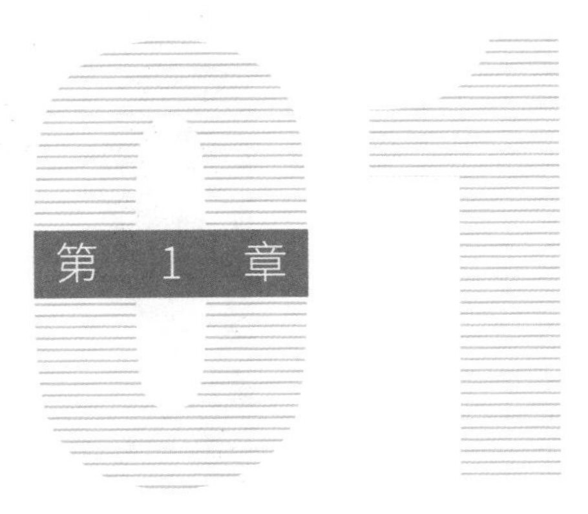

初识 AI 绘画与 AI 视频

本章导读

本章重点介绍 AI 绘画的概念、应用领域，以及软件的基础知识。

学习要点

- 了解 AI 绘画。
- 熟悉 Stable Diffusion 软件界面。

1.1 AI绘画概述

人工智能绘画即AI绘画，最早可追溯至20世纪70年代哈罗德·科恩通过计算机程序“艾伦”控制实体机械手臂所进行的绘画创作。相关技术经过约半个世纪的发展，在深度学习理论逐步深入，预训练模型、生成算法及计算机硬件的性能大幅提升等多方面因素的影响下，终于促成了AI绘画技术的全面爆发，一大批优秀的AI绘画软件如雨后春笋般出现在人们的面前。那么什么是AI绘画呢？AI绘画通常指使用AI技术生成具备多种表现风格的绘画作品，图1-1～图1-4所示为笔者使用Stable Diffusion绘制的具备写实风格的女孩角色形象，读者能看出这些角色形象都是AI虚拟角色形象吗？

图1-1

图1-2

图1-3

图1-4

1.2 学习AI绘画的意义

AI绘画的普及代表着一种全新的艺术创作形式的出现，就像传统的水墨画、油画、水彩画等，使用计算机生成的艺术作品也有其特殊的艺术魅力。不可否认，使用AI绘画可以显著提高文创设计、游戏艺术等领域的工作效率，对于一些文字工作者来说，以输入文本的方式生成一些有趣的插图则可以将纯文本的内容变得更加具象化，如图1-5所示。AI绘画的本质仍然是人主导的一种艺术创作形式。作为一种新兴的艺术创作形式，AI绘画目前发展迅猛，也许在不久的将来，AI绘画可以像摄影一样，成为一种新的艺术门类。

与传统绘画相比，AI绘画可以在很短的时间内根据用户输入的提示词及图片素材生成大量图像，这种绘画形式不但减轻了工作负担，还可以提供丰富的创作灵感及素材。但是不可否认的是，目前AI绘画所生成的图像误差较多，如果希望得到较为满意的图像效果，则需要我们不断调整提示词及图片素材，并尝试大量生成图像，以在众多的图像作品中择优选用。

图1-5

1.3 AI绘画应用领域

AI绘画作为一种全新的艺术创作形式，可以应用在角色设计、海报制作、游戏美术、室内设计、建筑表现、园林景观及艺术创作等多个领域。使用AI绘画软件绘制的图像效果如图1-6～图1-12所示。

图1-6

图1-7

图1-8

图1-9

图1-10

图1-11

图1-12

1.4 AI视频应用领域

用户不但可以使用AI绘画软件创作静态的图像，还可以生成高质量的AI视频。由于AI绘画软件的随机性特点，其所生成的AI视频画面在视觉上有着瞬息万变的效果，非常有趣。AI视频可以应用于短视频、广告、音乐电视（Music Television，MTV）及电影电视等多个领域，如图1-13和图1-14所示。

图 1-13

图 1-14

1.5 Stable Diffusion基础知识

Stable Diffusion由Stability AI公司发布，它是一款可以快速生成高质量图像的AI绘画软件。Stable Diffusion可以安装在本地计算机上，如果读者拥有一台带有性能强劲的显卡的计算机，则可以使用这台计算机进行AI绘画图像的生成。另外，相比购买一台高性能计算机，读者还可以选择付费给第三方公司，使用其云部署的软件进行AI绘画图像的生成。

根据官方说明，在个人计算机上安装Stable Diffusion较为复杂，本书比较推荐直接安装Stable Diffusion整合包，如bilibili的UP主秋葉aaaki发布的绘世启动器，如图1-15所示。单击页面右下角的“一键启动”按钮后，即可在网页浏览器中打开Stable Diffusion软件界面，如图1-16所示。需要注意的是，本地计算机安装Stable Diffusion后，还需要单独在模型网站下载大量模型素材，并将模型素材复制到软件提示的文件夹内才能使用。

图 1-15

Stable Diffusion 模型　Workshop_semi_cartoon.safetensors [784b8da

外挂 VAE 模型　None

CLIP 终止层数　2

文生图　图生图　后期处理　PNG 图片信息　模型融合　训练　OpenPose 编辑器　3D 骨架模型编辑（3D Openpose）　Depth Library　无边图像浏览　模型转换　超级模型融合　模型工具箱　WD 1.4 标签器　设置　扩展

正向提示词 (按 Ctrl+Enter 或 Alt+Enter 开始生成)
Prompt　0/75

生成

提示词 (0/75)　请输入新关键词

反向提示词 (按 Ctrl+Enter 或 Alt+Enter 开始生成)
Negative prompt　0/75

反向词 (0/75)　请输入新关键词

生成　嵌入式 (T.I. Embedding)　超网络 (Hypernetworks)　模型　Lora

迭代步数 (Steps)　20

采样方法 (Sampler)

DPM++ 2M Karras　DPM++ SDE Karras　DPM++ 2M SDE Exponential
DPM++ 2M SDE Karras　Euler a　Euler　LMS　Heun
DPM2　DPM2 a　DPM++ 2S a　DPM++ 2M　DPM++ SDE
DPM++ 2M SDE　DPM++ 2M SDE Heun　DPM++ 2M SDE Heun Karras
DPM++ 2M SDE Heun Exponential　DPM++ 3M SDE
DPM++ 3M SDE Karras　DPM++ 3M SDE Exponential　DPM fast
DPM adaptive　LMS Karras　DPM2 Karras　DPM2 a Karras
DPM++ 2S a Karras　Restart　DDIM　PLMS　UniPC

图 1-16

图 1-16（续）

技巧与提示

读者还可以选择使用云部署Stable Diffusion软件的第三方公司所提供的产品来进行AI绘画创作，如网易AI设计工坊。

1.5.1 Stable Diffusion模型

在使用Stable Diffusion进行AI绘画时，首先需要选择合适的Stable Diffusion模型，Stable Diffusion模型也被称为主模型、大模型或底模型。Stable Diffusion模型对AI绘画的内容及效果起到决定性的作用，如当用户要生成一张关于人物角色的AI绘画作品时，需要先选择相关的人物角色模型，如果用户选择的是一个建筑模型，则很难得到较为满意的图像，甚至可能会得到较为混乱的图像。所以在输入提示词之前，用户选择合适的Stable Diffusion模型就显得尤为重要。Stable Diffusion的一个重要优势是其中可以使用成百上千的开源模型，用户可以通过模型网站下载AI绘画爱好者所制作的各类模型文件，这些模型文件通常比较大，一般为2GB～7GB。所以本地安装Stable Diffusion之后，读者还应考虑预留一定的硬盘空间用于存储这些模型文件。Stable Diffusion模型文件通常需要存储在软件根目录的models>Stable-diffusion文件夹中才可以正常使用。

接下来，介绍较为常用的Stable Diffusion模型。

1.majicMIX realistic麦橘写实

"majicMIX realistic麦橘写实"模型是由网名为Merjic的作者上传的，用于绘制写实风格的女性角色形象，如图1-17所示。该模型作者推荐的"采样方法"有Euler a、Euler、Restart，"迭代步数"

为20～40，并可配合插件“after detailer”修复脸部。

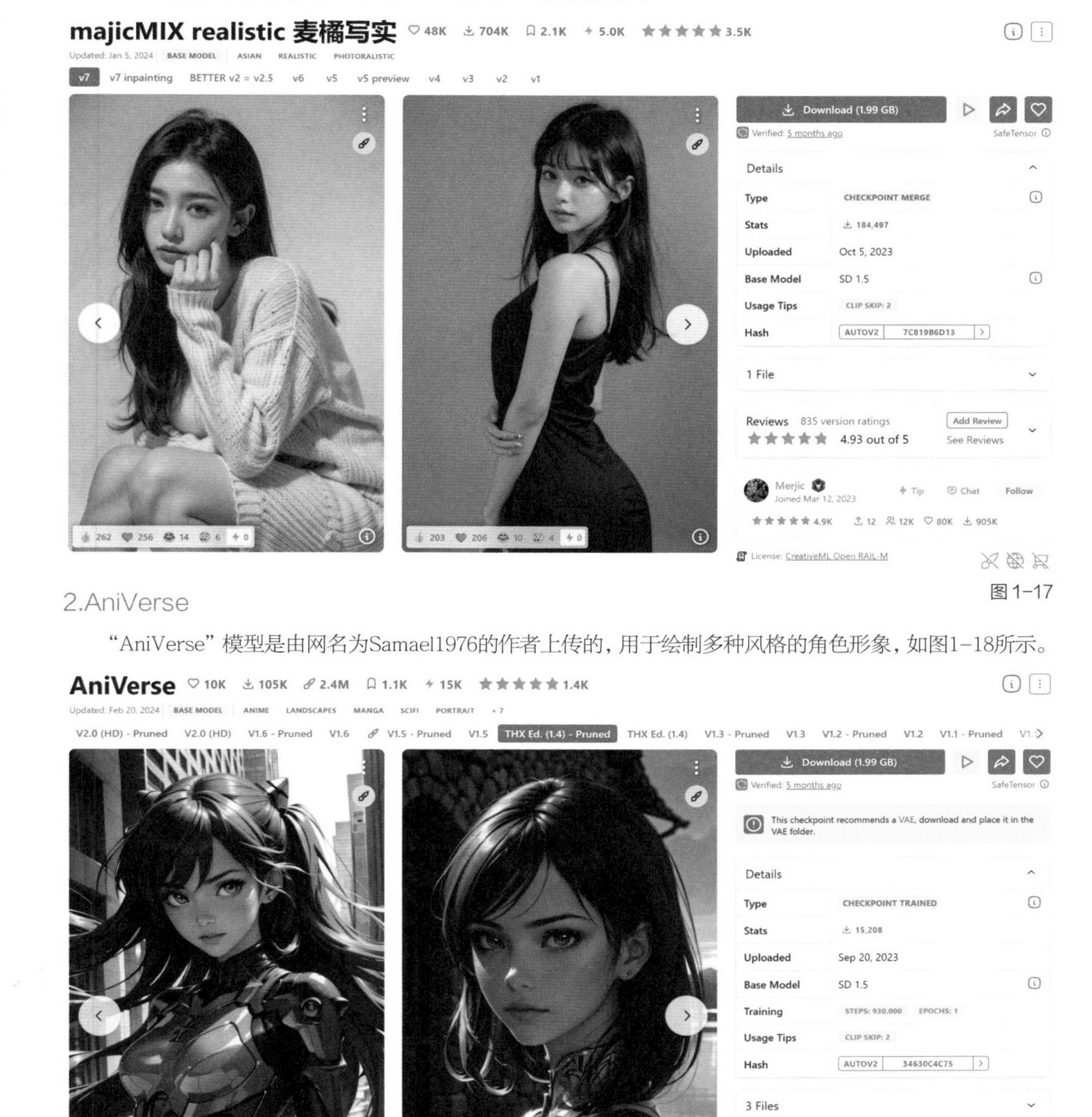

图1-17

2.AniVerse

“AniVerse”模型是由网名为Samael1976的作者上传的，用于绘制多种风格的角色形象，如图1-18所示。

图1-18

3.ArchitectureRealMix

“ArchitectureRealMix”模型是由网名为laizhende的作者上传的，是一款可以绘制写实风格建筑的大模型，常用于绘制室内、建筑、城市及园林景观等效果，如图1-19所示。该模型建议生成图像的尺寸为768px×512px。

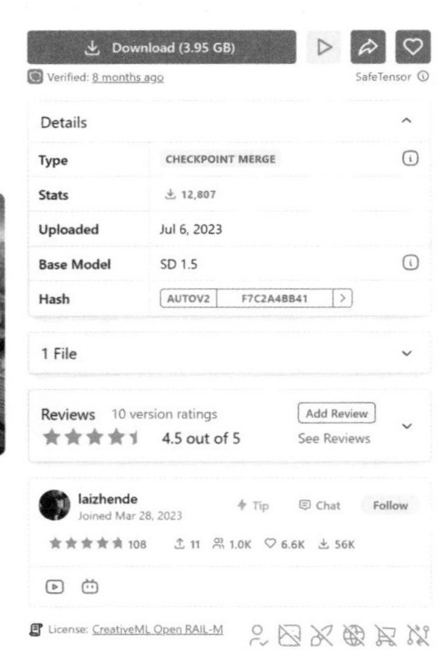

点亮 和 支持一下作者，你的鼓励是作者更新的动力

图 1-19

4. 城市设计大模型 | UrbanDesign

“城市设计大模型 | UrbanDesign”模型是由网名为樊川的作者上传的，是一款可以绘制写实风格城市相关要素的大模型，常用于绘制城市及园林景观等效果，如图1-20所示。该模型可以生成尺寸较大的图像，如长度在768px以上的图像。

写实 建筑物 主体加强 建筑设计

v7 v6 最近更新：23/11/11 首次发布：23/07/30

城市相关的全要素大模型，在大量的高分辨率效果图上进行分类训练，同时由多个模型融合而成，有较强的泛化能力，适用于大多数与建筑、城市设计相关的生成场景。对于特殊的场景搭配专用的Lora和提示词表现会更好。

图 1-20

5.Game Icon Institute_mode

“Game Icon Institute_mode”模型是由网名为ConceptConnoisseur的作者上传的，是一款可以绘制卡通风格游戏相关要素的大模型，常用于绘制各种各样的游戏图标效果，如图1-21所示。

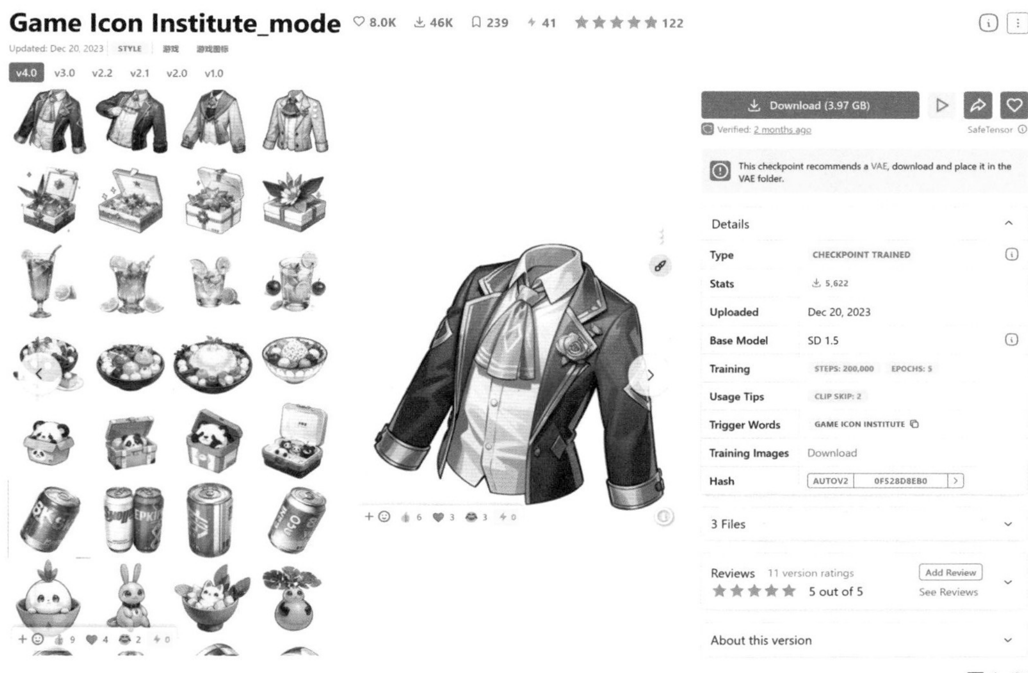

图1-21

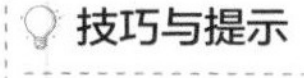

技巧与提示

一定要为下载好的模型配一张由该模型作者绘制的图片，图片名称与模型名称应保持一致，如图1-22所示。这样Stable Diffusion可以将该图片当作对应模型的缩略图显示出来。另外，为了方便读者查找这些模型，本书展示的模型名称均为模型作者对该模型的命名。

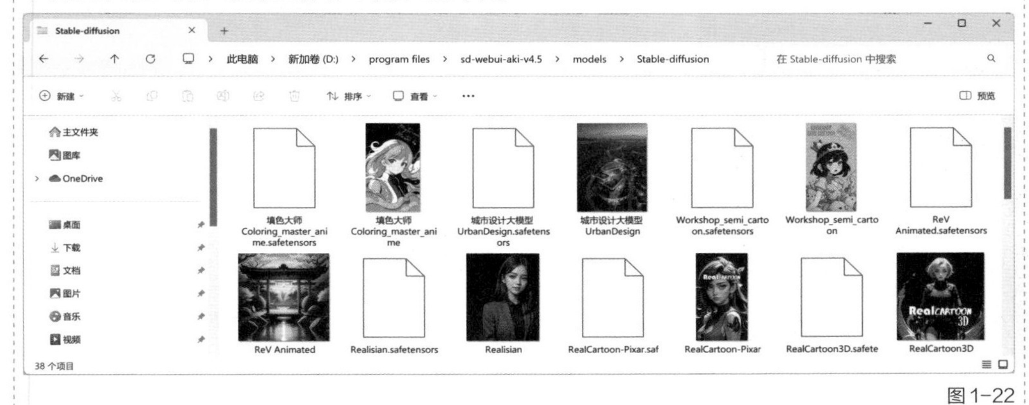

图1-22

1.5.2 功能选项卡

功能选项卡汇集了Stable Diffusion的各种功能，以秋葉aaaki发布的绘世启动器为例，其中的功能选项卡包括文生图、图生图、后期处理、PNG图片信息、模型融合、训练、无边图像浏览、模型转换、超级模型融合、模型工具箱、WD 1.4标签器、设置和扩展这13个，如图1-23所示。

文生图 图生图 后期处理 PNG 图片信息 模型融合 训练 无边图像浏览 模型转换 超级模型融合 模型工具箱
WD 1.4 标签器 设置 扩展

图1-23

在“扩展”选项卡中，用户可以单击“加载扩展列表”按钮，在其下方显示的扩展列表中选择需要的扩展进行安装，如图1-24所示。

文生图 图生图 后期处理 PNG 图片信息 模型融合 训练 无边图像浏览 模型转换 超级模型融合 模型工具箱
WD 1.4 标签器 设置 扩展

已安装 可下载 从网址安装 备份/恢复

加载扩展列表

隐藏含有以下标签的扩展

脚本 localization tab dropdown 含广告 已安装 训练相关 模型相关 UI 界面相关 提示词相关 后期编辑 控制 线上服务 动画 查询 科技学术 后期处理

排序

按发布日期倒序 按发布日期正序 按首字母正序 按首字母倒序 内部排序 按更新时间 按创建时间 按 Star 数量

扩展	描述	操作
Custom AutoLaunch 脚本	AutoLaunch WebUI in non-default browser Update: 2023-09-15 Added: 2024-02-18 Created: 2023-09-13 stars: 1	安装
QIC Console 选项卡	Adds a console tab to allow for quick testing of Python and Javascript snippets. !!! WARNING DO NOT install this extension unless you are a developer !!! Update: 2024-02-11 Added: 2024-02-11 Created: 2024-02-11 stars: 1	安装
sd-webui-creaprompt UI 界面相关, 提示词相关	This extension for A1111 generates wonderful prompts randomly Update: 2024-02-25 Added: 2024-02-09 Created: 2024-02-08 stars: 18	安装
工作流 脚本	Add a new panel in the img2img tab to streamline your image processing workflow. Update: 2024-02-24 Added: 2024-02-09 Created: 2023-08-24 stars: 7	安装
RPG-DiffusionMaster 脚本, 下拉列表, 提示词相关, 线上服务	Implementation of WebUI extension for RPG-DiffusionMaster. Utilizing the capabilities of the LLM model to generate Regional Prompts for better generation results. Update: 2024-02-07 Added: 2024-02-07 Created: 2024-01-26 stars: 42	安装
Stable Diffusion Database Manager 脚本	Supports generating of images individually or in batches and insert them into one or multiple databases. Update: 2024-01-29 Added: 2024-02-06 Created: 2023-08-28 stars: 7	安装

图1-24

1.5.3 提示词文本框

Stable Diffusion目前仅支持英文，也就是说用户需要在提示词文本框内输入英文才可以正确地生成AI作品，提示词文本框下方通过分类的方式提供了大量的中英文对照选项，这些选项涵盖了大部分常用提示词，如图1-25所示。

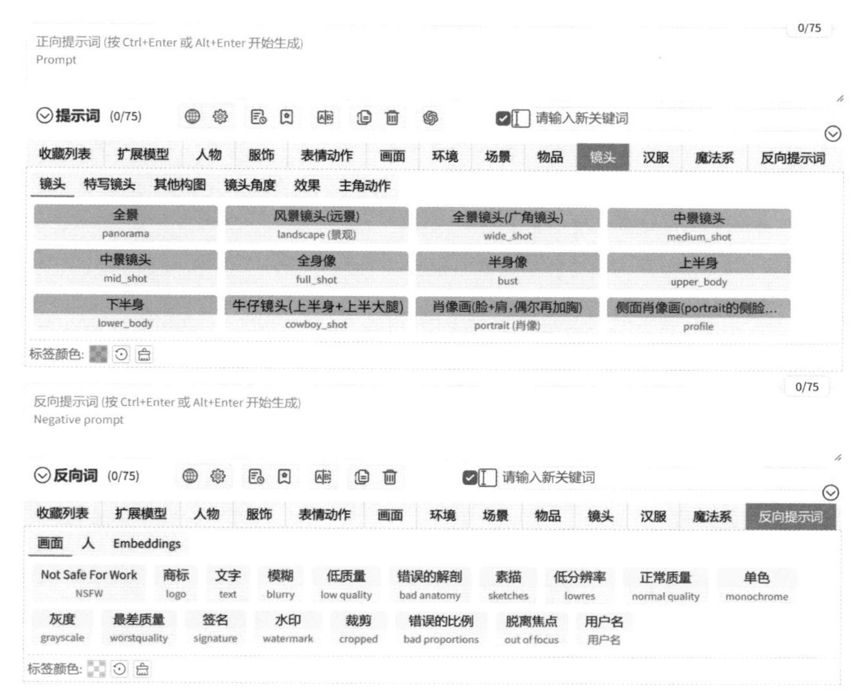

图1-25

1.5.4 “生成”选项卡

“生成”选项卡主要用于设置一些有关图像生成的参数，如图1-26所示。

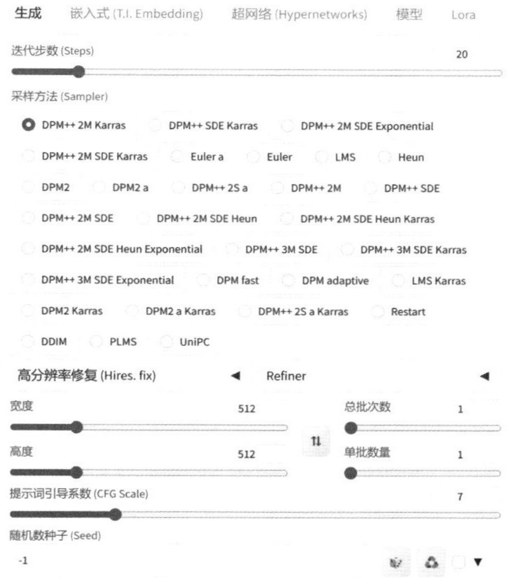

图1-26

工具解析

- **迭代步数(Steps):** Stable Diffusion生成图像的步骤是从一个充满噪点的画布开始慢慢创建完成整个图像，然后对图像进行去噪处理以得到最终效果，迭代步数则用于控制去噪过程的步数，该值默认为20。
- **采样方法(Sampler):** 计算图像的采样方法，通常使用默认的采样方法(DPM++ 2M Karras)即可，其他采样方法则可以参考不同模型作者所给出的说明来选择和使用。
- **宽度:** 用于设置生成图像的宽度。
- **高度:** 用于设置生成图像的高度。
- **总批次数:** 用于设置生成图像的总批次数。
- **单批数量:** 用于设置一次生成图像的数量，最终生成的图像数量取决于单批数量×总批次数的值。
- **提示词引导系数(CFG Scale):** 用于设置提示词对于图像的影响程度。
- **随机数种子(Seed):** 用于设置随机值。

技巧与提示

早期很多的Stable Diffusion模型是基于512px×512px的图片进行训练的，所以当用户期望生成1024px×1024px或具有更高分辨率的图像时，Stable Diffusion会试图将3或4张图像的内容一起嵌入AI绘画作品中，这样当我们创作较大尺寸的图像时，常常出现较为明显的图像拼接错误。例如，当我们创作2000px×1500px的方形室内效果图时，较容易生成2或3个平层出现在一张图像里的效果，且图像的拼接痕迹非常明显，如图1-27所示。而当我们将图像分辨率变更为1000px×750px后，则可以有效避免多个平层出现在一张图像里的效果，如图1-28所示。

图1-27

图1-28

1.5.5 Lora模型

Lora模型常用于画面微调，该模型的文件通常较小(10MB~300MB)，必须与Stable Diffusion模型搭配使用。对于选择在本地安装Stable Diffusion的用户来说，Lora模型通常需要放置在软件根目录的models>Lora文件夹中才可以正常使用。

接下来，介绍较为常用的Lora模型。

1.anxiang| 暗香

“anxiang | 暗香” Lora模型是由网名为Redpriest9527的作者上传的，用于丰富角色形象的面容及服装细节，如图1-29所示。该模型作者推荐与该模型搭配使用的大模型有XXMix_9realistic、majicMIX系列；推荐与该模型搭配使用的Lora模型有墨心、小人书、唐风汉服等。

2.game icon institute_Qjianzhu_1

“game icon institute_Qjianzhu_1” Lora模型是由网名为ConceptConnoisseur的作者上传的，用于绘制Q版风格游戏图标，如图1-30所示。该模型作者推荐与该模型搭配使用的大模型为Game Icon Institute_mode。

anxiang

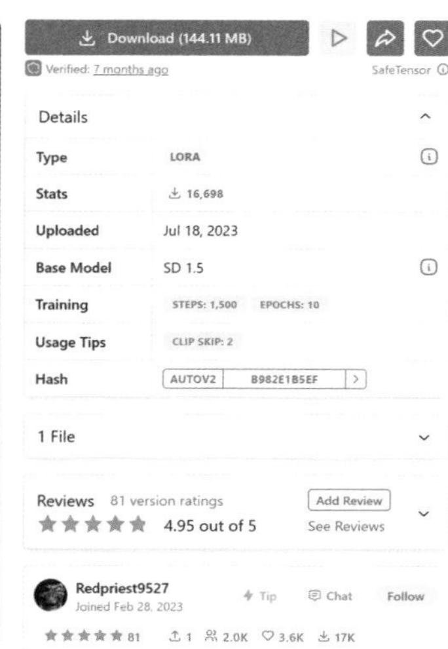

图1-29

game icon institute_Qjianzhu_1 ♡536 2.2K 59 10 11

Updated: Aug 16, 2023 STYLE GAME ICON INSTITUTE

v1.0

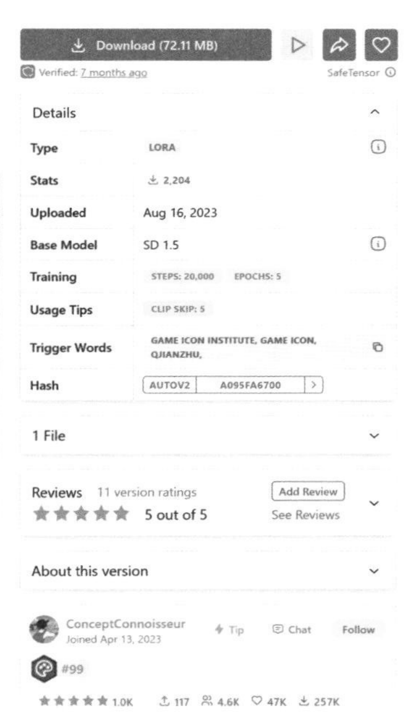

<游戏图标研究所->"AI-Game Icon Institute"

图1-30

3.game icon institute_changjing

“game icon institute_changjing” Lora模型是由网名为ConceptConnoisseur的作者上传的，用

于绘制Q版风格游戏场景，如图1-31所示。该模型作者推荐与该模型搭配使用的大模型为Game Icon Institute_mode。

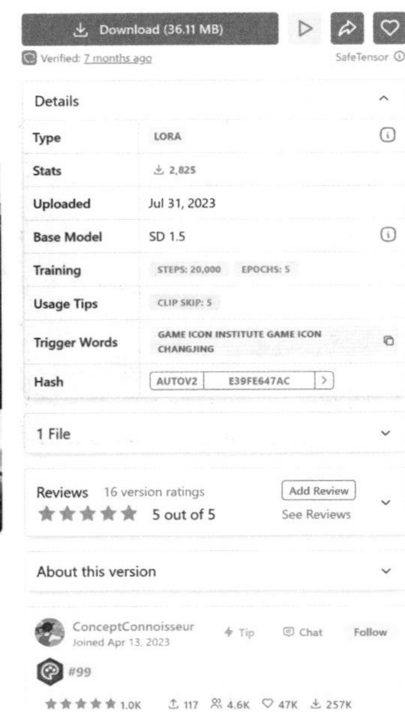

图1-31

4.blindbox/大概是盲盒

“blindbox/大概是盲盒”Lora模型是由网名为samecorner的作者上传的，用于绘制Q版的盲盒角色形象，如图1-32所示。

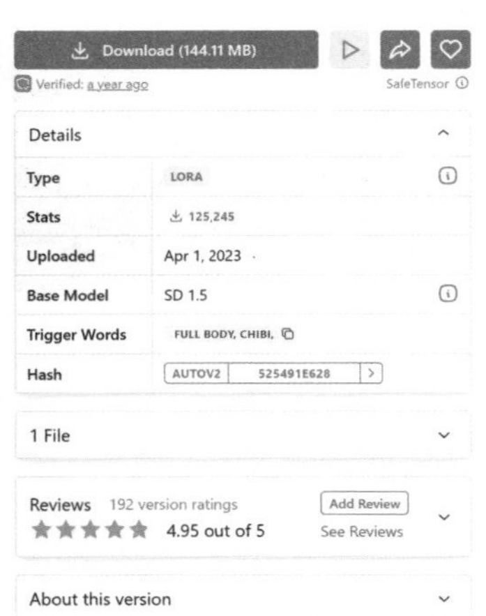

图1-32

5.paper-cut-剪纸风格lora

“paper-cut-剪纸风格lora”Lora模型是由网名为abeed的作者上传的，用于绘制剪纸风格的图像效果，如图1-33所示。

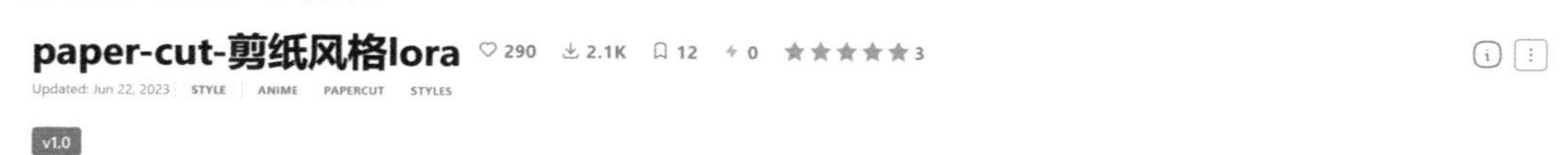

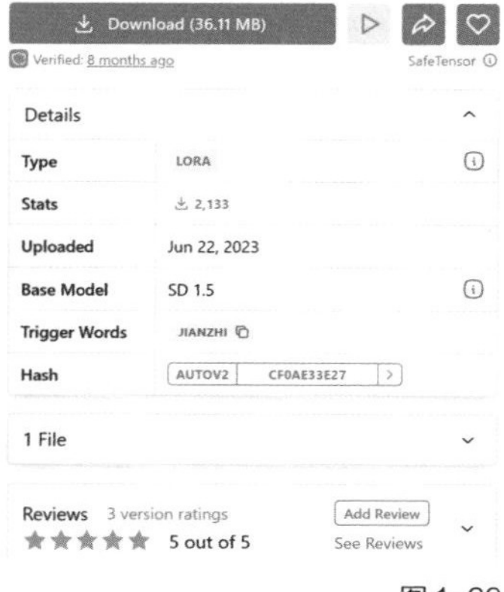

图1-33

6.CANDYLAND

“CANDYLAND”Lora模型是由网名为RIXYN的作者上传的，用于绘制彩色糖果风格的图像效果，如图1-34所示。

图1-34

文生图

本章导读

本章讲解如何在 Stable Diffusion 中输入提示词来绘制图像。

学习要点

- 绘制写实风格角色形象。
- 绘制插画风格角色形象。
- 绘制客厅效果图。
- 绘制油画风格图像。

2.1 文生图概述

文生图，即以文字描述来生成图像，这种AI功能是目前所有AI绘画软件的基本功能之一。而这些文字描述在各个AI绘画软件中又被称为提示词、创意、关键词等，是用来生成图像的关键指令。在Stable Diffusion中，文字描述被称为提示词，目前仅支持英文提示词，提示词之间需要使用英文逗号分隔。提示词可以是一个单词、一个词组，也可以是一句话，提示词用来告诉AI绘画软件我们的意图，所以提示词的正确性将直接影响AI绘画软件绘画内容的准确性。对于某些模型来说，必须使用固定的提示词才能触发对应的效果，这样的提示词也被称为触发词，触发词往往由模型作者提供。图2-1～图2-3所示分别为使用1girl（1个女孩）、2girls（2个女孩）和Multiple girls（多个女孩）这3个提示词所得到的图像结果。当提示词为Multiple girls时，生成图像中女孩的人数为多个。

图2-1

图2-2

图2-3

2.2 提示词

提示词分为正向提示词和反向提示词两种，如图2-4所示。在Stable Diffusion软件中，提示词仅支持英文输入，不过，目前单机版及在线版软件均支持中文输入，软件会自动将中文翻译为英文，这使用户操作软件更加方便。

文生图 图生图 后期处理 PNG 图片信息 模型融合 训练 OpenPose 编辑器 3D 骨架模型编辑（3D Openpose）
模型转换 超级模型融合 模型工具箱 WD 1.4 标签器 设置 扩展
0/75
正向提示词 (按 Ctrl+Enter 或 Alt+Enter 开始生成)
Prompt
提示词 (0/75) 请输入新关键词
0/75
反向提示词 (按 Ctrl+Enter 或 Alt+Enter 开始生成)
Negative prompt
反向词 (0/75) 请输入新关键词

图 2-4

2.2.1 课堂案例：绘制写实风格的白衣女孩

效果位置	效果文件 > 第 2 章 >2.2.1.png
素材位置	无
视频位置	视频文件 > 第 2 章 > 绘制写实风格的白衣女孩.mp4

本例主要讲解如何使用正向提示词和反向提示词绘制一个写实风格的穿白色衣服的女孩角色形象，本例的最终完成效果如图2-5所示。需要注意的是，由于AI绘画的随机性特点，读者即使输入相同的提示词也不会得到与本例一模一样的图像结果，但是可以得到风格较为相似的图像结果。

图 2-5

01 在“模型”选项卡中，单击“majicMIX realistic麦橘写实”，如图2-6所示，将其设置为“Stable Diffusion模型”。

02 设置“外挂VAE模型”为None，输入中文提示词“女孩，黑色头发，长发，在草原上，白色裙子，上半身，微笑，黑色眼睛，有风的”，按Enter键将其翻译为英文“girl,black hair,long hair,on the grassland,white skirt,upper_body,smile,black eyes,wind,”，如图2-7所示，并自动填入“正向提示词”文本框内。

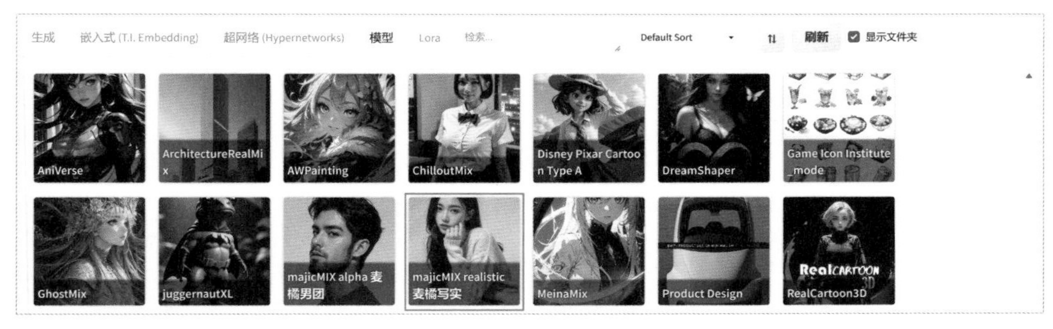

图 2-6

图 2-7

技巧与提示

当输入中文提示词后，按Enter键即可将输入的中文翻译为英文，此时读者需注意系统会在最后一个单词后面自动添加一个英文逗号。

03 在“嵌入式（T.I.Embedding）”选项卡中，单击“badhandv4”，如图2-8所示，将其添加至“反向词”文本框中，如图2-9所示。

图 2-8

图 2-9

04 在“反向词”文本框内输入“正常质量，最差质量，低分辨率，低质量”，按Enter键，即可将其翻译为英文“normal quality,worst quality,lowres,low quality,”，并提高这些反向提示词的权重，如图2-10所示。

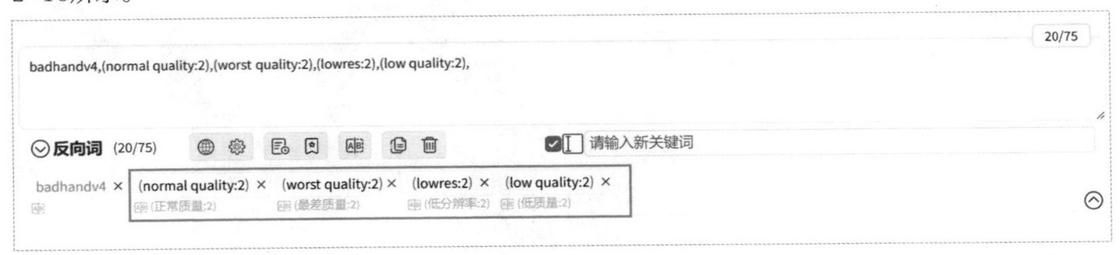

图 2-10

05 在“生成”选项卡中，设置“迭代步数（Steps）”为50，“高分迭代步数”为20，“放大倍数”为1.5，“宽度”为700，“高度”为1000，“总批次数”为4，如图2-11所示。

生成 嵌入式 (T.I. Embedding) 超网络 (Hypernetworks) 模型 Lora
迭代步数 (Steps) 50
采样方法 (Sampler)
DPM++ 2M Karras
DPM++ SDE Karras
DPM++ 2M SDE Exponential
DPM++ 2M SDE Karras
Euler a
Euler
LMS
Heun
DPM2
DPM2 a
DPM++ 2S a
DPM++ 2M
DPM++ SDE
DPM++ 2M SDE
DPM++ 2M SDE Heun
DPM++ 2M SDE Heun Karras
DPM++ 2M SDE Heun Exponential
DPM++ 3M SDE
DPM++ 3M SDE Karras
DPM++ 3M SDE Exponential
DPM fast
DPM adaptive
LMS Karras
DPM2 Karras
DPM2 a Karras
DPM++ 2S a Karras
Restart
DDIM
PLMS
UniPC
高分辨率修复 (Hires. fix) 从700x1000 到1050x1500
放大算法 Latent
高分迭代步数 20
重绘幅度 0.7
放大倍数 1.5
将宽度调整为 0
将高度调整为 0
Refiner
宽度 700
高度 1000
总批次数 4
单批数量 1
提示词引导系数 (CFG Scale) 7

图 2-11

06 设置完成后，绘制的图像结果如图2-12所示，可以看到这些图像的效果基本符合之前所输入的提示词规定的效果。

图 2-12

> **技巧与提示**
>
> 通过本例可以看出使用文生图的方式来绘制角色形象时，角色形象的身体姿势较为随机，在本书的第5章会讲解如何使用OpenPose编辑器尽可能地控制角色形象的身体姿势。

2.2.2 课堂案例：绘制插画风格的被鲜花围绕的少女

效果位置	效果文件 > 第 2 章 >2.2.2.png
素材位置	无
视频位置	视频文件 > 第 2 章 > 绘制插画风格的被鲜花围绕的少女.mp4

本例详细讲解如何使用文生图的方式绘制插画风格的被鲜花围绕的少女图像，图2-13所示为本例制作完成的图像结果。

图 2-13

01 在“模型”选项卡中，单击“GhostMix”，如图2-14所示，将其设置为“Stable Diffusion模型”。

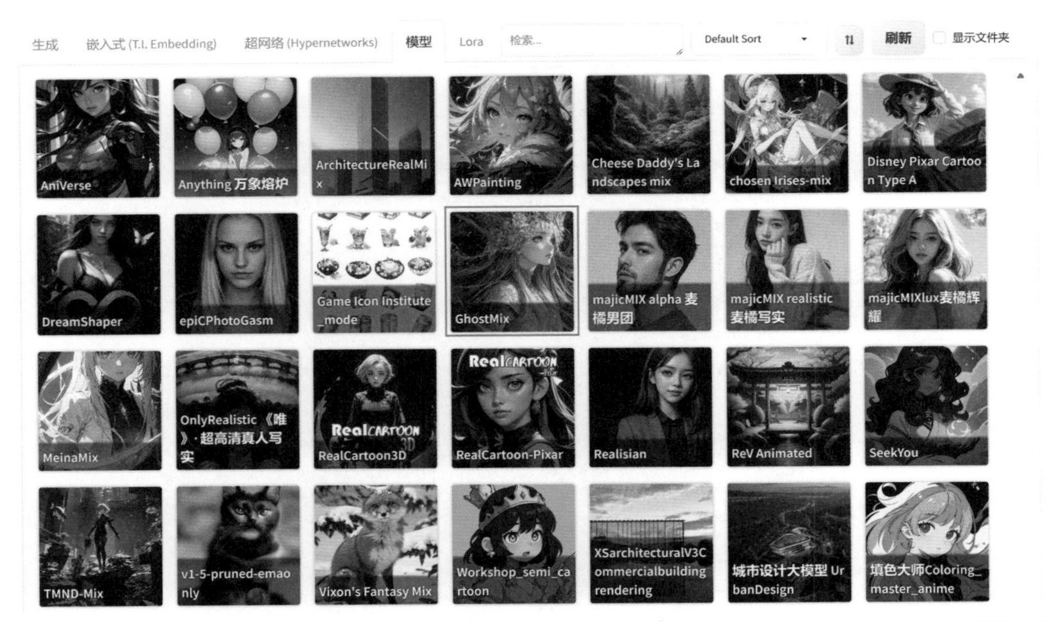

图 2-14

02 设置“外挂VAE模型”为None，在“文生图”选项卡中输入中文正向提示词“1女孩，多彩，微笑，上半身，花，单人，超高细节，侧脸，分形，公主裙”，按Enter键生成对应的英文正向提示词“1girl,colorful,smile,upper_body,flower,solo,ultra high details,side face,fractal,princess_dress,”，如图2-15所示。

图 2-15

03 在“生成”选项卡中，设置“迭代步数（Steps）”为30，“高分迭代步数”为20，“放大倍数”为1.5，“宽度”为700，“高度”为1000，“总批次数”为4，如图2-16所示。

04 设置完成后，绘制的图像结果如图2-17所示，可以看到这些图像的效果基本符合之前所输入的正向提示词规定的效果，但是图像缺乏细节。

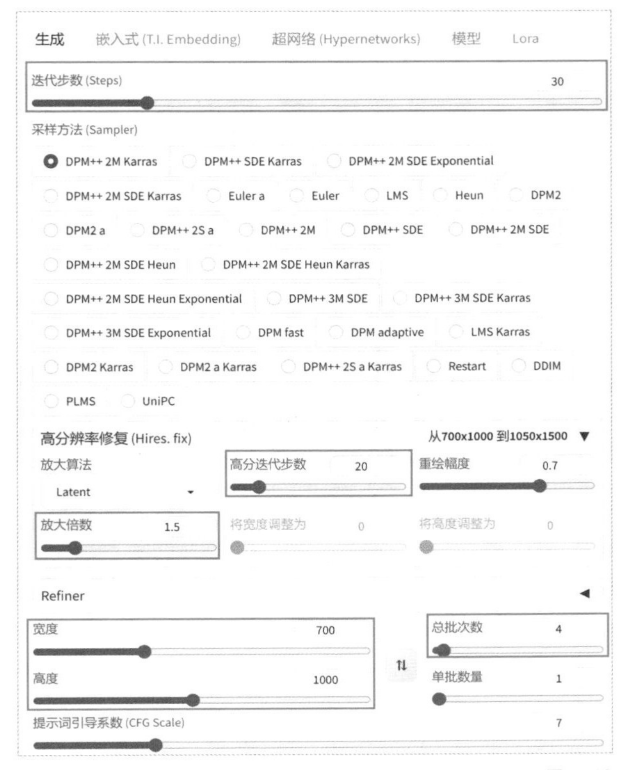

图 2-16

图 2-17

05 在“嵌入式（T.I.Embedding）”选项卡中，单击“badhandv4”，如图2-18所示，将其添加至“反向词”文本框中，如图2-19所示。

06 在“反向词”文本框内输入“正常质量，最差质量，低分辨率，低质量”，按Enter键，将其翻译为英文“normal quality,worst quality,lowres,low quality,”，并提高这些反向提示词的权重，如图2-20所示。

图 2-18

图 2-19

图 2-20

07 设置完成后，绘制的图像结果如图2-21所示，对比之前绘制的图像，可以看出现在绘制的图像在角色形象的面容方面、服装细节方面及背景的鲜花方面的质量都有了明显的提升。

图 2-21

技巧与提示

使用反向提示词可以有效提升生成图像的质量。

2.2.3 课堂案例：绘制客厅效果图

效果位置	效果文件 > 第 2 章 >2.2.3.png
素材位置	无
视频位置	视频文件 > 第 2 章 > 绘制客厅效果图.mp4

AI绘画软件不仅可以以文生图的方式绘制出各种各样风格的人物角色形象，还可以绘制出真实的室内表现效果。本例将详细讲解如何使用文生图的方式绘制多张客厅效果图，图2-22所示为本例制作完成的图像结果。

图 2-22

01 在“模型”选项卡中，单击“ArchitectureRealMix”，如图2-23所示，将其设置为“Stable Diffusion模型”。

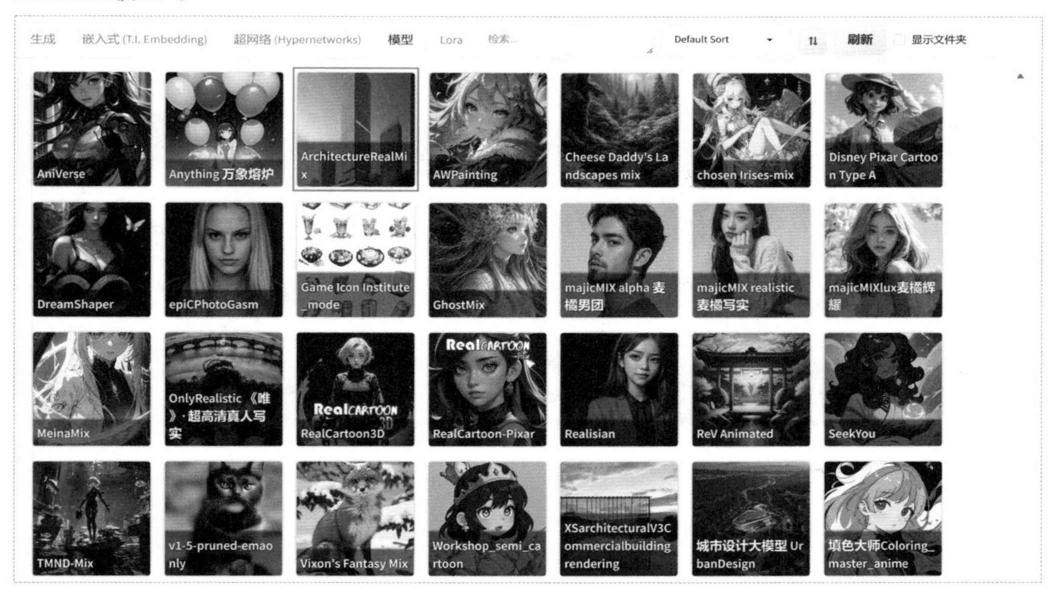

图 2-23

02 设置“外挂VAE模型”为None，输入中文正向提示词“客厅，地板，沙发，植物，阳光，电视，花瓶，书”，按Enter键生成对应的英文正向提示词“living_room,floor,couch,plant,sunlight,brups_

tv,vase,book,”，如图2-24所示。

图 2-24

03 在“生成”选项卡中，设置“迭代步数（Steps）”为30，“高分迭代步数”为20，“放大倍数”为1.5，“宽度”为1000，“高度”为700，“总批次数”为4，如图2-25所示。

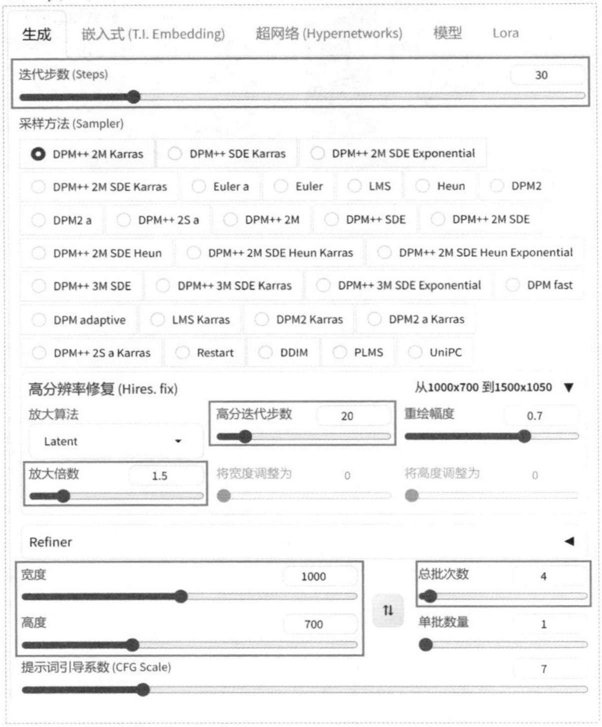

图 2-25

04 设置完成后，绘制的图像结果如图2-26所示，可以看到这些图像的效果基本符合之前所输入的正向提示词规定的效果。

05 现在补充正向提示词“简约设计，红色沙发”，将其翻译为英文“minimalist design,RED SOFA,”，如图2-27所示。这些正向提示词为场景中的沙发指定了具体的颜色，并且明确了客厅的装修风格。

图 2-26

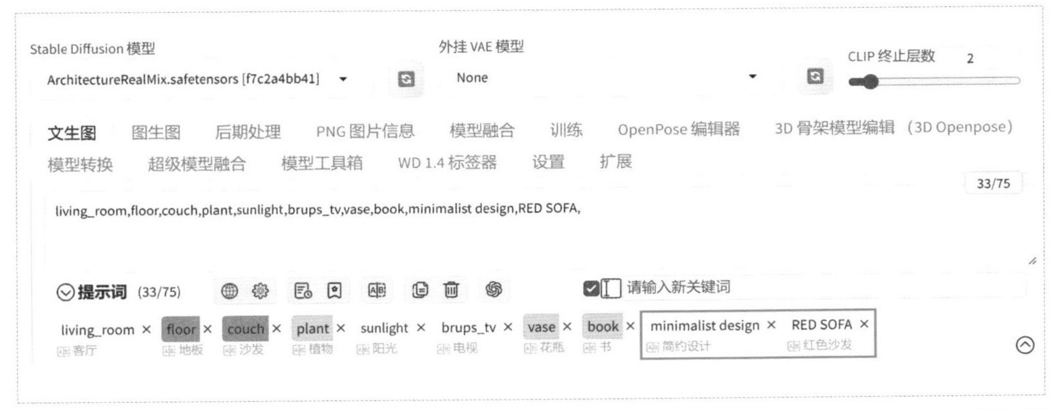

图 2-27

06 设置完成后，绘制的图像结果如图2-28所示，读者可以观察新添加的正向提示词对画面的改变效果。

07 在“反向词”文本框内输入“正常质量，最差质量，低分辨率，低质量”，按Enter键，即可将其翻译为英文“normal quality,worst quality,lowres,low quality,”，并提高这些反向提示词的权重，如图2-29所示。本例最终绘制的效果如图2-30所示。我们可以看到添加了反向提示词后，画面的整体质量相较之前画面的质量有了明显的提升。

图 2-28

20/75
badhandv4,(normal quality:2),(worst quality:2),(lowres:2),(low quality:2),
反向词 (20/75)
请输入新关键词
badhandv4 ×
(normal quality:2) ×
(正常质量:2)
(worst quality:2) ×
(最差质量:2)
(lowres:2) ×
(低分辨率:2)
(low quality:2) ×
(低质量:2)

图 2-29

图 2-30

图 2-30（续）

技巧与提示

从本例中可以看出，当我们为某个家具指定颜色后，该操作也会有一定概率影响到房屋内的其他物品。

2.2.4 课堂案例：绘制油画风格的林间小路

效果位置	效果文件 > 第 2 章 >2.2.4.png
素材位置	无
视频位置	视频文件 > 第 2 章 > 绘制油画风格的林间小路.mp4

AI绘画可以为动画场景设计师提供一定的创作灵感，本例详细讲解如何使用文生图的方式绘制油画风格的场景图像，图2-31所示为本例制作完成的图像结果。

图 2-31

01 在“模型”选项卡中，单击“Cheese Daddy's Landscapes mix”，如图2-32所示，将其设置为“Stable Diffusion模型”。

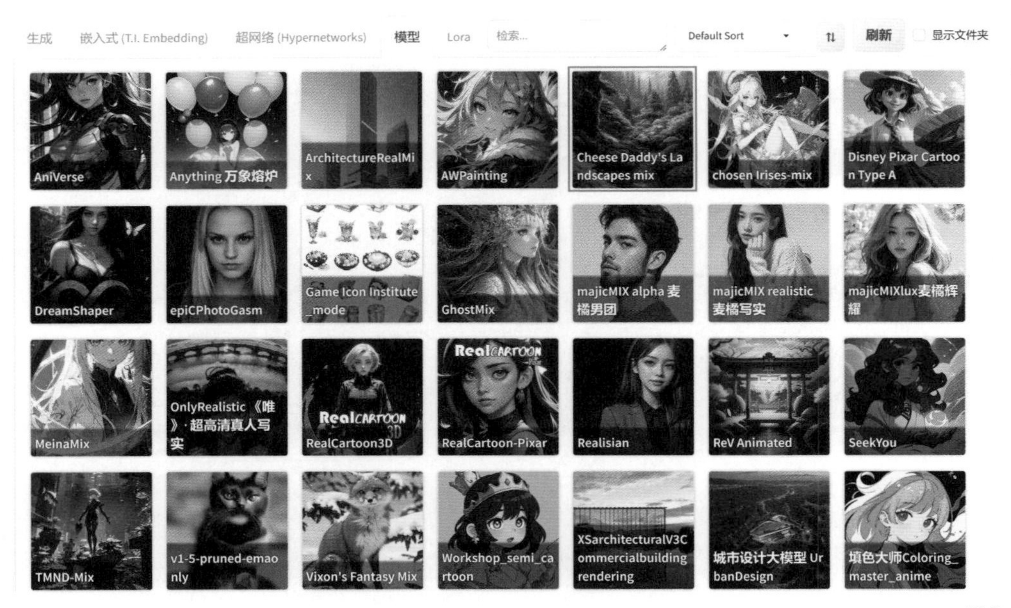

图 2-32

02 设置“外挂VAE模型”为None，在“文生图”选项卡中输入中文正向提示词“林间小路，高山，参天大树，多彩的花，蓝天，云，阳光，超高细节，最好质量，杰作”，按Enter键生成对应的英文正向提示词“forest path,high mountain,towering trees,colorful flowers,blue_sky,cloud,sunlight,ultra high details,best quality,masterpiece,”，如图2-33所示。

图 2-33

03 在“生成”选项卡中，设置“迭代步数(Steps)”为30，“高分迭代步数”为20，“放大倍数”为2.5，“宽度”为512，“高度”为512，“总批次数”为4，如图2-34所示。

技巧与提示

该模型作者推荐的绘制图像尺寸为512px×768px、768px×512px或1:1(512px×512px)，故在本例中，设置“宽度”和“高度”均为512。

04 设置完成后，绘制的图像结果如图2-35所示，可以看到这些图像的效果基本符合之前所输入的正向提示词规定的效果。目前的画面偏写实风格，而且感觉花的颜色略微单调。

05 现在补充正向提示词“油画”，将其翻译为英文“oil_painting,”，并设置正向提示词“多彩的花”的权重值为1.2，如图2-36所示。

06 设置完成后，绘制的图像结果如图2-37所示，可以观察到此时的画面明显偏油画风格且场景中花的颜色更加丰富。

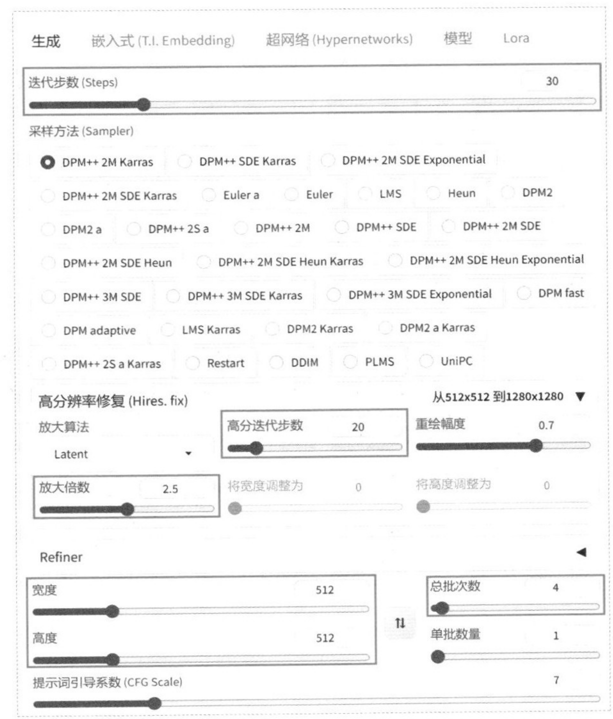

图2-34

图2-35

图2-36

图 2-37

技巧与提示

使用AI绘画软件得到的油画风格作品也可以作为室内效果图中墙画摆放的作品。

2.2.5 正向提示词

正向提示词用于描述图像里需要包含的内容，如输入中文正向提示词"牧场，阳光"，将其翻译为英文"pasture,sunlight,"，如图2-38所示。AI绘画软件根据这些正向提示词所生成的图像如图2-39所示，可以看到场景中还会出现一些其他元素，如蓝天、白云、树木、房屋及草地上的花等。

图 2-38

图 2-39

我们也可以将上述正向提示词连成一句话："阳光下的牧场"。将其翻译为英文"a pasture under the sunshine,"，如图2-40所示。AI绘画软件根据这些正向提示词所生成的图像如图2-41所示。通过对比图2-39和图2-41可以看出，正向提示词无论是一句话还是多个单词，AI绘画软件所生成的图像结果均较为相似。

图 2-40

图 2-41

2.2.6 反向提示词

反向提示词用于设置不希望在图像中出现的内容。观察我们刚才使用正向提示词“a pasture under the sunshine,”（阳光下的牧场）所生成的图像，可以看到画面中会出现花。如果我们希望图像里面没有这些花，则可以通过输入反向提示词来实现。我们可以在“反向提示词”文本框内输入中文“花”，将其翻译为英文“flower,”，如图2-42所示。重新生成，得到图2-43所示的图像结果，我们可以看到这两幅作品中都没有出现花。

图 2-42

图 2-43

2.2.7 嵌入式模型

嵌入式模型是对提示词的补充，在“嵌入式（T.I.Embedding）”选项卡中，可以看到一些嵌入式模型，使用这些模型可以极大地降低图像出错的概率，用户可以根据这些模型对应的说明将其添加至正向提示词或者反向提示词中，如图2-44所示。安装Stable Diffusion后，系统会自带一部分嵌入式模型，读者也可以在相关网站上下载由其他作者提供的嵌入式模型。

图 2-44

2.3 课后习题

2.3.1 绘制穿金色盔甲的少女

效果位置	效果文件 > 第 2 章 >2.3.1.png
素材位置	无
视频位置	视频文件 > 第 2 章 > 绘制穿金色盔甲的少女.mp4

本习题详细讲解如何使用文生图的方式绘制穿金色盔甲的少女角色形象，图2-45所示为本习题制作完成的图像结果。

图 2-45

01 在“模型”选项卡中，单击“AniVerse”，如图2-46所示，将其设置为“Stable Diffusion模型”。

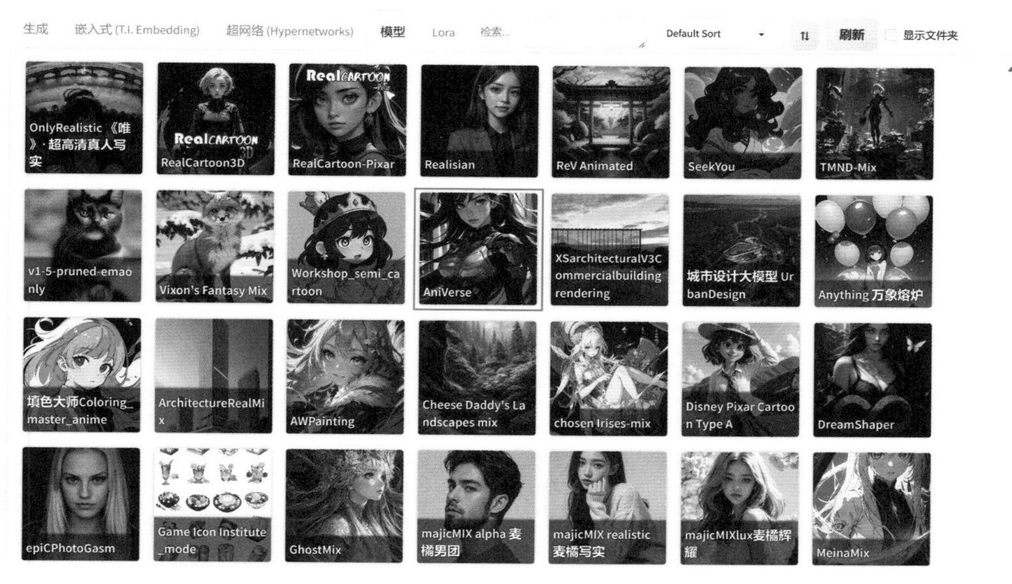

图 2-46

02 设置“外挂VAE模型”为None，输入中文正向提示词“1女孩，上半身，黑色头发，金色盔甲，最好质量，极端细节，户外，散景，植物，树，山脉，超现实，特别写实”，按Enter键将其翻译为英文“1girl,upper_body,black hair,golden armor,best quality,extreme details,outdoors,bokeh,plant,tree,mountain,surrealistic,specially realistic,”，如图2-47所示。

03 在“嵌入式（T.I.Embedding）”选项卡中，单击“badhandv4”和“ng_deepnegative_v1_75t”，如图2-48所示，将其添加至“反向词”文本框中，如图2-49所示。

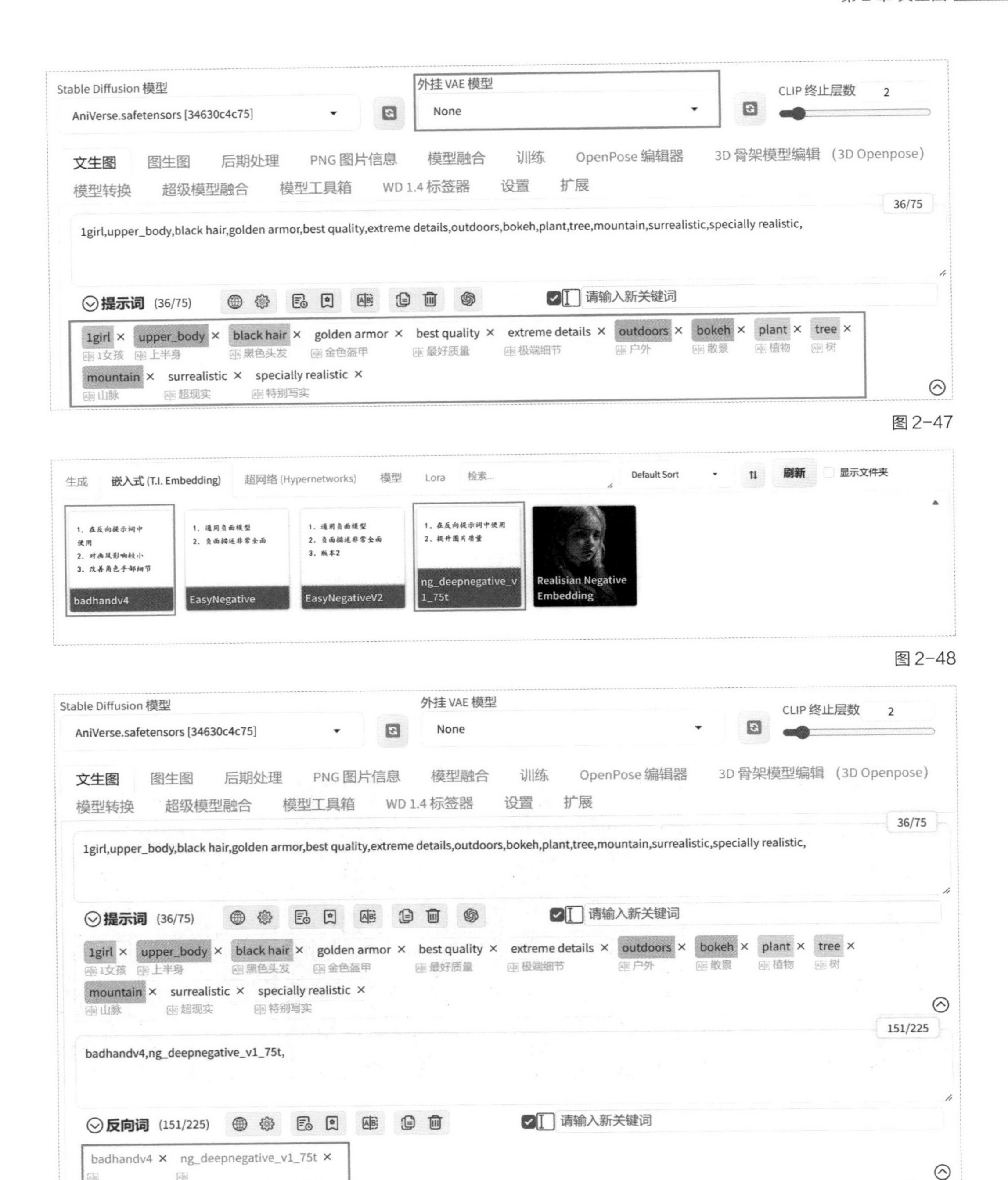

图 2-47

图 2-48

图 2-49

04 在“生成”选项卡中，设置“迭代步数（Steps）”为30，“高分迭代步数”为20，“放大倍数”为1.5，“宽度”为700，“高度”为1000，“总批次数”为4，如图2-50所示。

生成 嵌入式 (T.I. Embedding) 超网络 (Hypernetworks) 模型 Lora

迭代步数 (Steps) 30

采样方法 (Sampler)

DPM++ 2M Karras　DPM++ SDE Karras　DPM++ 2M SDE Exponential

DPM++ 2M SDE Karras　Euler a　Euler　LMS　Heun　DPM2

DPM2 a　DPM++ 2S a　DPM++ 2M　DPM++ SDE　DPM++ 2M SDE

DPM++ 2M SDE Heun　DPM++ 2M SDE Heun Karras

DPM++ 2M SDE Heun Exponential　DPM++ 3M SDE　DPM++ 3M SDE Karras

DPM++ 3M SDE Exponential　DPM fast　DPM adaptive　LMS Karras

DPM2 Karras　DPM2 a Karras　DPM++ 2S a Karras　Restart　DDIM

PLMS　UniPC

高分辨率修复 (Hires. fix)　从700x1000 到1050x1500

放大算法 Latent　高分迭代步数 20　重绘幅度 0.7

放大倍数 1.5　将宽度调整为 0　将高度调整为 0

Refiner

宽度 700　总批次数 4

高度 1000　单批数量 1

提示词引导系数 (CFG Scale) 7

图 2-50

05 设置完成后，生成的图像结果如图2-51所示，可以看到这些图像的效果基本符合之前所输入的提示词规定的效果。

图 2-51

2.3.2 绘制疾驰的跑车

效果位置	效果文件 > 第 2 章 >2.3.2.png
素材位置	无
视频位置	视频文件 > 第 2 章 > 绘制疾驰的跑车.mp4

本习题详细讲解如何使用文生图的方式绘制在公路上疾驰的跑车，图2-52所示为本习题制作完成的图像结果。

图 2-52

01 在“模型”选项卡中，单击“DreamShaper”，如图2-53所示，将其设置为“Stable Diffusion模型”。

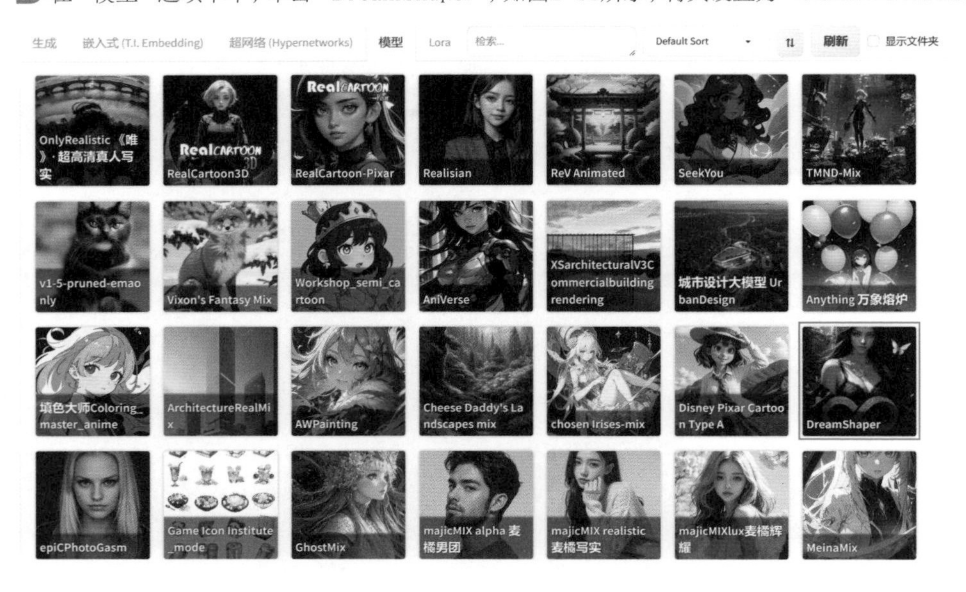

图 2-53

02 设置“外挂VAE模型”为None，输入中文正向提示词“超级跑车,8k高清，在公路上，早上，运动模糊，沙漠”，按Enter键将其翻译为英文“sports car,8k hd,on the road,morning,motion_blur,on a desert,”，如图2-54所示。

图 2-54

03 在“生成”选项卡中，设置“迭代步数（Steps）”为30，“高分迭代步数”为20，“放大倍数”为1.5，“宽度”为1000，“高度”为700，“总批次数”为4，如图2-55所示。

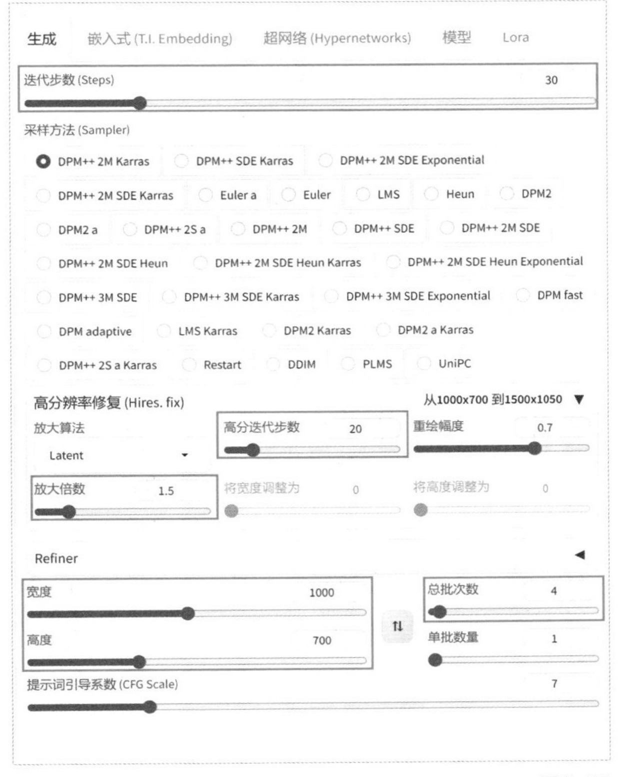

图2-55

04 设置完成后，生成的图像结果如图2-56所示，可以看到这些图像的效果基本符合之前所输入的正向提示词规定的效果。

05 补充正向提示词“红色车，云”，将其翻译为英文“red car,cloud,”，如图2-57所示。

06 设置完成后，绘制的图像结果如图2-58所示，可以观察到此时绘制的跑车颜色也发生了对应的变化，画面中还突出体现了云。

图2-56

图 2-56（续）

图 2-57

图 2-58

07 补充英文正向提示词“George Miller's Mad Max style”，其对应的中文含义是乔治·米勒的疯狂麦克斯风格，如图2-59所示。

图 2-59

技巧与提示

英文正向提示词“George Miller's Mad Max style”是该模型作者给出的正向提示词，故直接使用英文较为准确。

08 设置完成后，绘制的图像结果如图2-60所示，可以观察到此时画面中跑车的风格发生了变化且车上增添了许多污渍。

图 2-60

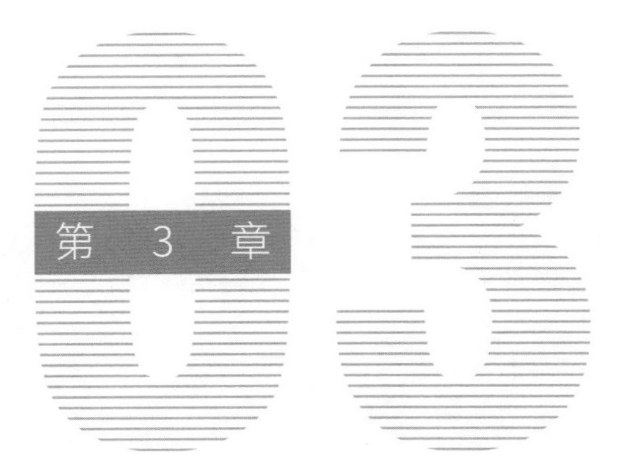

图生图

本章导读

本章讲解如何在 Stable Diffusion 中使用图像来生成图像。

学习要点

- 图生图的应用。
- 更改图像的风格。
- 对图像的局部进行重绘。

3.1 图生图概述

在学习了文生图这种方式后，相信读者已经感受到在AI绘画软件里使用文生图的方式绘制图像的魅力。本章将带领读者学习使用现有图像生成新图像的方式，即图生图。图生图允许用户使用一张现有图像来控制画面的构图、角色形象的大概姿势或者更改现有图片的艺术风格。图生图的原理与文生图的原理有所不同，其原理是在初始图像的基础上添加噪点，再根据用户输入的提示词对图像进行修改和去噪以绘制出新的图像。图3-1所示为使用图生图技术所绘制的新旧图像对比，我们可以看出这2张图像的风格差异较为明显，但是所表现内容却极为相近。

图 3-1

3.2 图生图应用

图生图需要用户上传一张参考图，Stable Diffusion会根据参考图进行重绘。

3.2.1 课堂案例：使用“图生图”选项卡更改图像的风格

效果位置	效果文件 > 第 3 章 >3.2.1.png
素材位置	素材 > 女孩 1.png
视频位置	视频文件 > 第 3 章 > 使用“图生图”选项卡更改图像的风格.mp4

本例通过将一张卡通风格的图像更改为写实风格的图像来详细讲解“图生图”选项卡的使用方法。图3-2所示为使用文生图的方式绘制出的原始AI虚拟角色形象图像。图3-3所示为重绘完成的图像结果。

图 3-2

图 3-3

01 在“生成”选项卡中的“图生图”选项卡里，上传一个“女孩1.png”图像文件，图像是一张动画风格的AI虚拟女性角色形象图像，如图3-4所示。

技巧与提示

读者可以阅读本书第2章的内容来学习该图像的制作方法。

02 在“模型”选项卡中，单击“majicMIX realistic麦橘写实”，如图3-5所示，将其设置为“Stable Diffusion模型”。

03 设置“外挂VAE模型”为None，输入中文正向提示词“1女孩，金色盔甲，黑色头发，树，阳光”，按Enter键将其翻译为英文“1girl,golden armor,black hair,tree,sunlight,”，如图3-6所示。

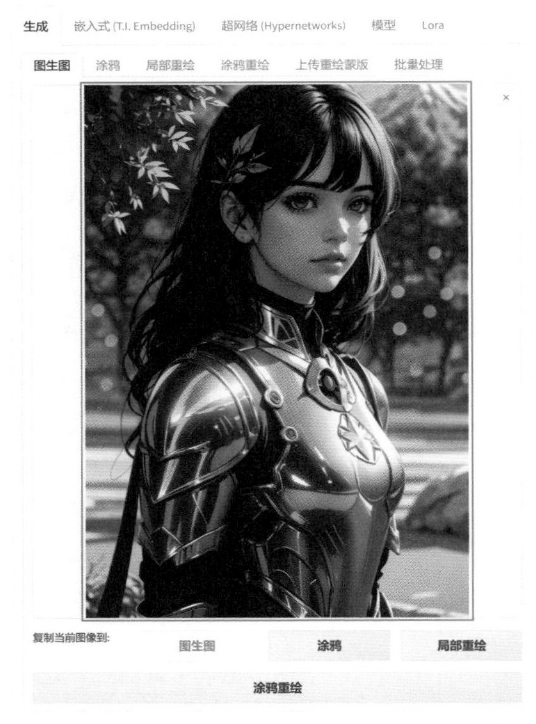

图3-4

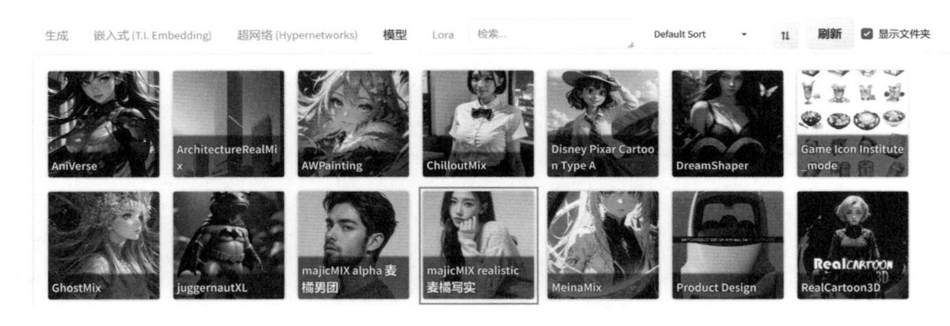

图3-5

图3-6

技巧与提示

在本例中，图生图的提示词最好与对上传图像的描述相符，因为我们是通过图生图更改图像的风格，而不是图像的内容。

04 在“反向词”文本框内输入“正常质量，最差质量，低分辨率，低质量”，按Enter键将其翻译为英文“normal quality,worst quality,lowres,low quality,”，并提高这些反向提示词的权重，如图3-7所示。

图 3-7

05 在“生成”选项卡中，设置“迭代步数（Steps）”为35，“宽度”为1048，“高度”为1496，“总批次数”为1，“重绘幅度”为0.5，如图3-8所示。

缩放模式
仅调整大小　裁剪后缩放　缩放后填充空白　调整大小 (潜空间放大)
迭代步数 (Steps) 35
采样方法 (Sampler)
DPM++ 2M Karras　DPM++ SDE Karras　DPM++ 2M SDE Exponential
DPM++ 2M SDE Karras　Euler a　Euler　LMS　Heun　DPM2
DPM2 a　DPM++ 2S a　DPM++ 2M　DPM++ SDE　DPM++ 2M SDE
DPM++ 2M SDE Heun　DPM++ 2M SDE Heun Karras　DPM++ 2M SDE Heun Exponential
DPM++ 3M SDE　DPM++ 3M SDE Karras　DPM++ 3M SDE Exponential　DPM fast
DPM adaptive　LMS Karras　DPM2 Karras　DPM2 a Karras
DPM++ 2S a Karras　Restart　DDIM　PLMS　UniPC　LCM
Refiner
重绘尺寸　重绘尺寸倍数
宽度 1048　总批次数 1
高度 1496　单批数量 1
提示词引导系数 (CFG Scale) 7
重绘幅度 0.5
随机数种子 (Seed)
-1

图 3-8

技巧与提示

在本例中，“重绘尺寸”中的“宽度”和“高度”值取决于上传的原始图像的尺寸值。

06 设置完成后，绘制的图像结果如图3-9所示，可以看到这张图像的效果基本符合之前所输入的提示词规定的效果，并且图像中角色形象的姿势及面部表情也基本与上传图像的保持一致，图像的整体风格较为写实。

图 3-9

3.2.2 课堂案例：使用“局部重绘”选项卡为角色形象添加领带

效果位置	效果文件 > 第 3 章 >3.2.2.png
素材位置	素材 > 女孩 2.png
视频位置	视频文件 > 第 3 章 > 使用“局部重绘”选项卡为角色形象添加领带.mp4

本例详细讲解如何使用“局部重绘”选项卡为角色形象添加领带，图3-10所示为本例所使用的原始图像。图3-11所示为重绘后的图像结果。

图 3-10

图 3-11

01 在“生成”选项卡下的“局部重绘”选项卡里，上传一张“女孩2.png”图像文件，如图3-12所示。

02 在“模型”选项卡中，单击“RealCartoon3D”，如图3-13所示，将其设置为“Stable Diffusion模型”。

图 3-12

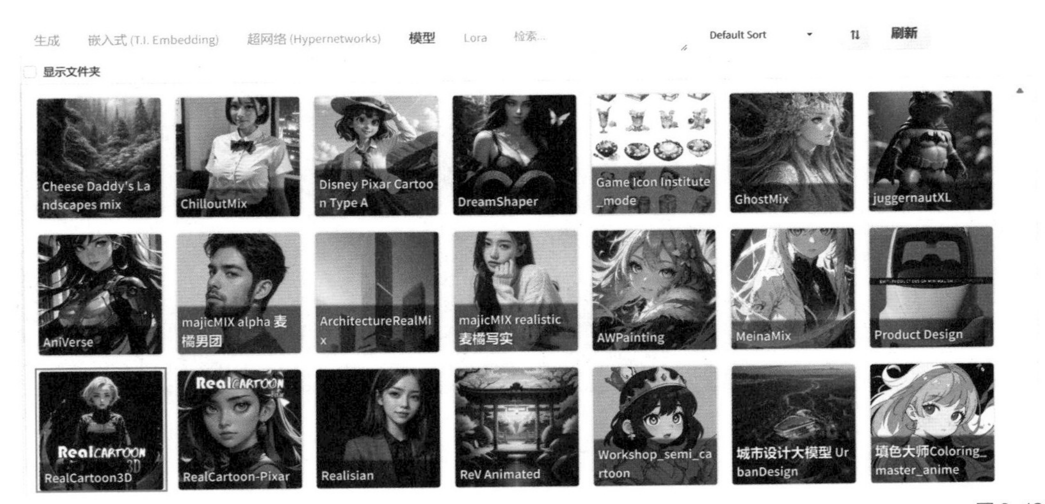

图 3-13

03 设置“外挂VAE模型”为None，输入中文正向提示词“1女孩，微笑，黑色头发，花园，上半身，蓝色领带”，按Enter键将其翻译为英文“1girl,smile,black hair,garden,upper_body,blue_necktie,”，并自动填入“正向提示词”文本框内。在“反向词”文本框内输入“正常质量，最差质量，低分辨率，低质量”，按Enter键将其翻译为英文“normal quality,worst quality,lowres,low quality,”，并提高这些反向提示词的权重，如图3-14所示。

图 3-14

04 在“局部重绘”选项卡中，使用画笔工具对需要重绘的衣服区域进行绘制，得到白色、半透明的遮盖效果，如图3-15所示。

图 3-15

05 在“生成”选项卡中，设置“蒙版边缘模糊度”为10，“蒙版模式”为“重绘蒙版内容”，“重绘区域”为“整张图片”，“迭代步数（Steps）”为35，“宽度”为1496，“高度”为1048，“总批次数”为1，“重绘幅度”为0.6，如图3-16所示。

06 设置完成后，绘制的图像结果如图3-17所示，可以看到图像中角色形象的衣领处增加了领带。本例最终重绘完成的效果如图3-18所示。

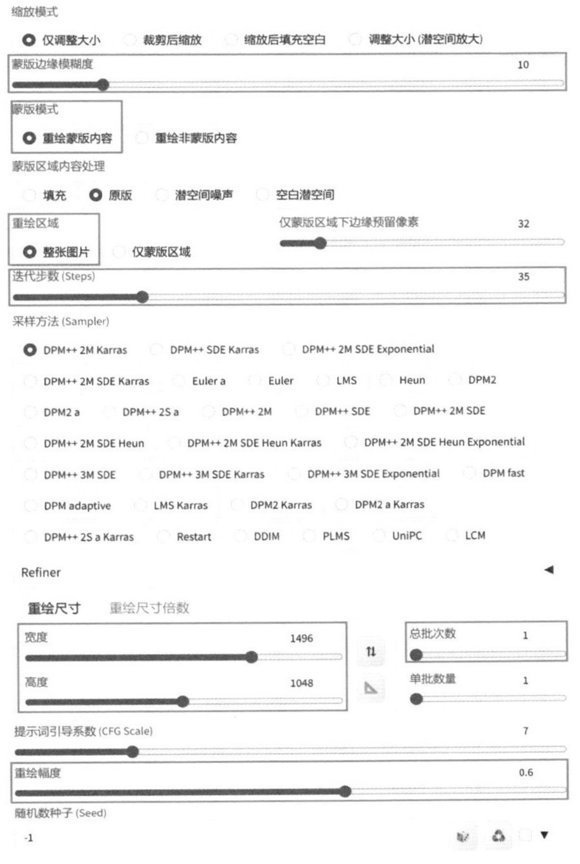

图 3-16

生成　嵌入式 (T.I. Embedding)　超网络 (Hypernetworks)　模型　Lora

图生图　涂鸦　局部重绘　涂鸦重绘　上传重绘蒙版　批量处理

1girl,smile,black hair,garden,upper_body,blue_necktie,
Negative prompt: (normal quality:2),(worst quality:2),(low quality:2),(lowres:2),
Steps: 35, Sampler: DPM++ 2M Karras, CFG scale: 7, Seed: 2187201365, Size: 1496x1048, Model hash: 80d1c3064a, Model: RealCartoon3D, Denoising strength: 0.7, Clip skip: 2, Mask blur: 10, Version: v1.6.0-2-g4afaaf8a

用时:18.1 sec.　A: 5.20 GB, R: 6.84 GB, Sys: 8.1/11.9941 GB (67.8%)

图 3-17

图3-18

3.2.3 “重绘幅度”参数

使用图生图来绘制图像时，图像的变化幅度主要取决于“重绘幅度”，“重绘幅度”的取值范围一般为0～1，在有些在线版软件中取值范围则为0.1～1。当该值为0.3或小于0.3时，生成的图像与原图的变化幅度较小；该值越大，图像的变化幅度越大。图3-19所示为使用文生图所绘制的写实风格女孩角色形象。图3-20～图3-23所示分别为基于该图像，将“重绘幅度”设置为0.3、0.6、0.8和1后所生成的卡通风格图像效果，可以看出当“重绘幅度”为1时，角色形象的身体姿势也发生了较明显的变化。

图3-19

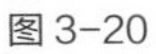

图3-20

图3-21

图3-22

图3-23

3.2.4 “涂鸦重绘”选项卡

用户可以在“涂鸦重绘”选项卡中使用画笔工具在原始图像上涂抹不同的颜色，Stable Diffusion在进行图生图时所生成的内容会受到这些颜色信息的影响。图3-24所示的图像为原图，将其导入至“涂鸦重绘”选项卡中的文本框内，并使用画笔工具在图像上涂抹不同的颜色，使用Stable Diffusion即可基于这些颜色的形状重新绘制出新的内容，仔细观察这些内容的颜色，可以发现其与涂抹的颜色有一定的关联，如图3-25所示。

图 3-24

图 3-25

使用画笔工具涂鸦时，将鼠标指针放置于画布上方左侧的感叹号图标上，即可弹出有关操作的提示，如图3-26所示。

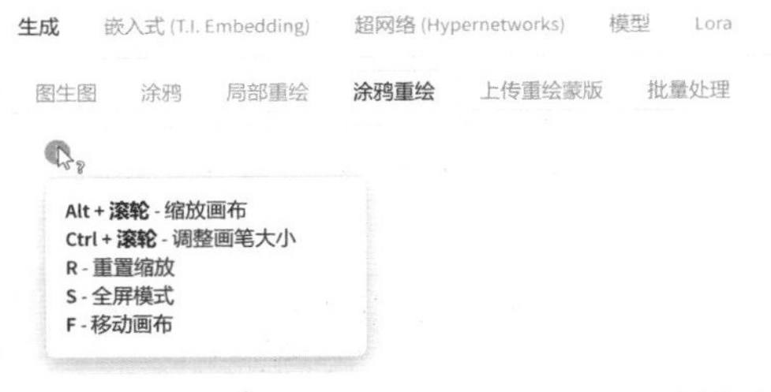

图 3-26

3.2.5 “局部重绘”选项卡

局部重绘，顾名思义，就是在Stable Diffusion中将画面的局部进行重新绘制，常用于修改画面中的一些细小错误及不合适的地方。图3-27所示的图像为原图，将其导入“局部重绘”选项卡中的文本框内，并使用画笔工具绘制出半透明的白色区域，即可根据新输入的提示词对绘制的半透明的白色区域进行重绘，改变角色形象身上的服装，得到图3-28所示的图像效果。

图 3-27

图 3-28

3.2.6 “PNG图片信息”选项卡

在“PNG图片信息”选项卡中，Stable Diffusion可以根据用户上传的图片来推算出生成该图片所使用的提示词及模型，如图3-29所示。

图 3-29

3.2.7 “WD 1.4标签器”选项卡

“WD 1.4标签器”选项卡的功能与“PNG图片信息”选项卡的功能较为相似，也是根据用户上传的图像来反推使用的提示词及模型，如图3-30所示。

图 3-30

3.3 课后习题

3.3.1 使用“上传重绘蒙版”选项卡更改图像内容

效果位置	效果文件 > 第 3 章 >3.3.1.png
素材位置	素材 > 客厅.png、客厅 – 蒙版.png
视频位置	视频文件 > 第 3 章 > 使用“上传重绘蒙版”选项卡更改图像内容.mp4

本习题详细讲解“上传重绘蒙版”选项卡的使用方法，使用该方法仅对黑白蒙版图中的白色区域进行重绘，确保原图的其他区域不会产生变化。图3-31所示为本习题所使用的原始图像，图3-32所示为重绘完成的图像结果。

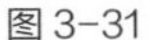

图 3-31

图 3-32

01 在“生成”选项卡中的“上传重绘蒙版”选项卡里，上传“客厅.png”和“客厅-蒙版.png”图像文件，两个文件对应的图像分别是一张由AI绘图软件绘制的客厅效果图和一张黑白蒙版图，如图3-33所示。

图 3-33

技巧与提示

黑白蒙版图可以使用其他绘图软件制作，其中黑色区域不会被重绘，白色区域将会被重绘。

02 在“模型”选项卡中，单击“ArchitectureRealMix”，如图3-34所示，将其设置为“Stable Diffusion模型”。

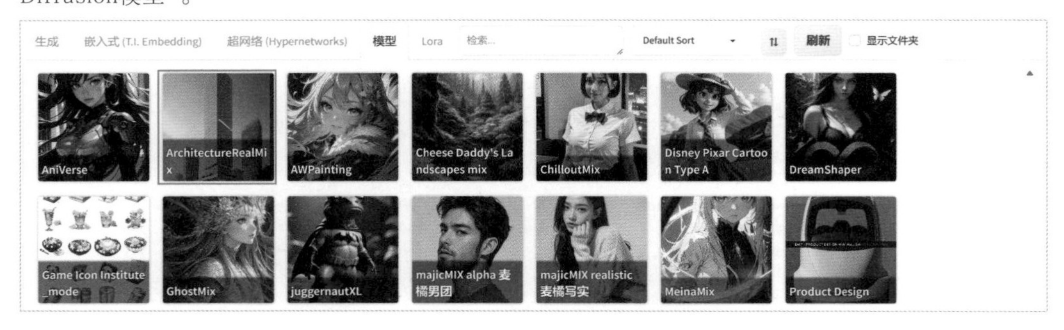

图 3-34

03 设置“外挂VAE模型”为None，输入中文正向提示词“客厅，植物，沙发，地板，书柜，最好质量”，按Enter键将其翻译为英文“living_room,plant,couch,floor,bookcase,best quality,”，如图3-35所示。

Stable Diffusion 模型
juggernautXL.safetensors [c8df560d29]
外挂 VAE 模型
None
CLIP 终止层数 2
文生图 图生图 后期处理 PNG 图片信息 模型融合 训练 Deforum OpenPose 编辑器 3D 骨架模型编辑（3D Openpose）
模型转换 超级模型融合 模型工具箱 WD 1.4 标签器 设置 扩展
16/75
living_room,plant,couch,floor,bookcase,best quality,
CLIP 反推
提示词 (16/75)
请输入新关键词
living_room × plant × couch × floor × bookcase × best quality ×
客厅 植物 沙发 地板 书柜 最好质量
0/75
反向提示词 (按 Ctrl+Enter 或 Alt+Enter 开始生成)
Negative prompt
DeepBooru 反推
反向词 (0/75)
请输入新关键词

图 3-35

04 在“生成”选项卡中，设置“蒙版边缘模糊度”为10，“蒙版模式”为“重绘蒙版内容”，“重绘区域”为“整张图片”，“迭代步数（Steps）”为30，“宽度”为1000，“高度”为700，“总批次数”为4，“重绘幅度”为0.7，如图3-36所示。

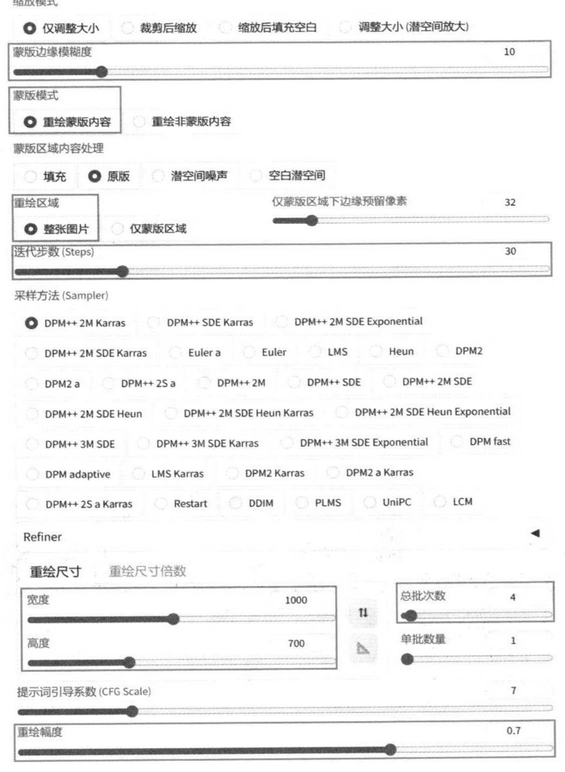

图 3-36

05 单击“生成”按钮，绘制的图像效果如图3-37所示，可以看到黑白蒙版图中白色区域对应的图像发生了变化。本习题的最终重绘效果如图3-38所示。

图 3-37

图 3-38

3.3.2 使用“涂鸦重绘”选项卡更改图像的内容

效果位置	效果文件 > 第 3 章 >3.3.2.png
素材位置	素材 > 森林中的火车.png
视频位置	视频文件 > 第 3 章 > 使用“涂鸦重绘”选项卡更改图像的内容.mp4

本习题详细讲解使用“涂鸦重绘”选项卡更改图像的内容的方法。图3-39所示为本习题所使用的原始图像，图3-40所示为重绘完成的图像结果。

图 3-39

图 3-40

01 在“模型”选项卡中，单击“AniVerse”，如图3-41所示，将其设置为“Stable Diffusion模型”。

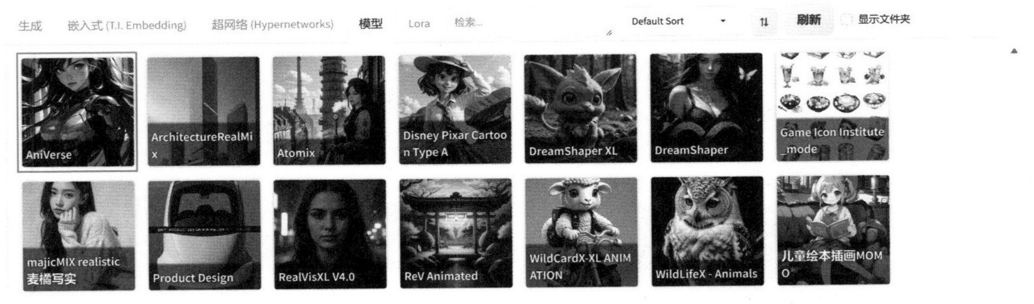

图 3-41

02 在“生成”选项卡中的“涂鸦重绘”选项卡中，上传“森林中的火车.png”文件，如图3-42所示。

03 在“图生图”选项卡中输入正向提示词“火车，森林，轨道，花”，按Enter键将其翻译为英文“train,forest,in_orbit,flower,”，并自动填入“正向提示词”文本框内。接着输入反向提示词“正常质量，最差质量，低分辨率，低质量”，按Enter键将其翻译为英文“normal quality,worst quality,lowres,low quality,”，并自动填入“反向提示词”文本框内，然后提高这些反向提示词的权重为2，如图3-43所示。

图 3-42

图 3-43

04 在“涂鸦重绘”选项卡中，使用不同的颜色绘制出需要重绘的区域，如图3-44所示。

图 3-44

05 在“生成”选项卡中，设置“迭代步数（Steps）”为30，“宽度”为768，“高度”为512，“重绘幅度”为0.7，如图3-45所示。

图 3-45

06 单击“生成”按钮，绘制的图像效果如图3-46所示，可以看到需要重绘的区域内图像发生了变化。本习题的最终重绘效果如图3-47所示。

生成　嵌入式 (T.I. Embedding)　超网络 (Hypernetworks)　模型　Lora

图生图　涂鸦　局部重绘　涂鸦重绘　上传重绘蒙版　批量处理

train,forest,in_orbit,flower,

Negative prompt: (normal quality:2),(worst quality:2),(low quality:2),(lowres:2),

Steps: 30, Sampler: DPM++ 2M Karras, CFG scale: 7, Seed: 3370637903, Size: 768x512, Model hash: 34630c4c75,

Model: AniVerse, Denoising strength: 0.7, Clip skip: 2, Mask blur: 4, Version: v1.6.0-2-g4afaaf8a

用时:3.1 sec.　A: 2.84 GB, R: 3.22 GB, Sys: 4.5/11.9941 GB (37.6%)

图 3-46

图 3-47

第 4 章

Lora模型

本章导读

本章讲解如何在 Stable Diffusion 中使用Lora模型调整图像。

学习要点

◆ Lora模型概述。
◆ Lora模型的应用技巧。

4.1 Lora模型概述

与Stable Diffusion模型文件相比，Lora模型文件要小得多，其功能是在大模型生成图像的基础上调整图像。使用文生图的方式绘制图像后，不仅可以通过Lora模型微调图像的风格，还可以完全改变图像的整体内容及视觉效果。Lora模型的数量成千上万，我们在使用这些Lora模型前，最好先查看Lora模型作者给出的使用建议，遵循这些建议可以更好地控制最终图像效果。图4-1所示为网易AI设计工坊页面中的“糖果乐园|CANDYLAND”作者对该模型给出的使用建议，包括推荐搭配大模型、推荐权重及触发词。

图 4-1

此外，使用单机版Stable Diffusion的用户还可以在第三方网站下载不同的Lora模型，如图4-2和图4-3所示。

图 4-2

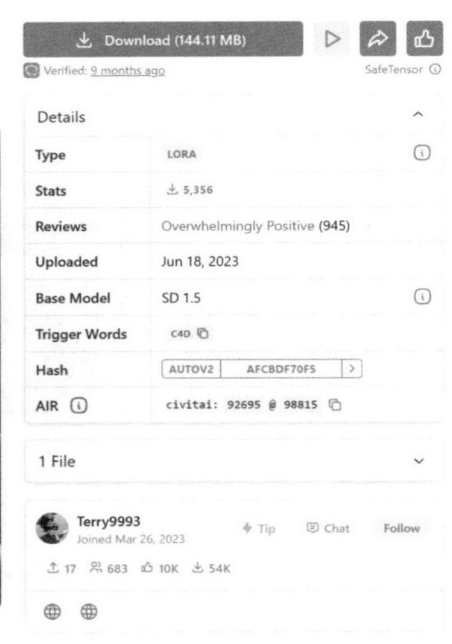

图 4-3

4.2 Lora模型应用

4.2.1 课堂案例：绘制写实风格古装女性角色形象

效果位置	效果文件 > 第 4 章 >4.2.1.png
素材位置	无
视频位置	视频文件 > 第 4 章 > 绘制写实风格古装女性角色形象.mp4

Lora模型可以在不增加相关提示词的情况下丰富画面的内容，如丰富角色形象的衣服、头饰等。本例将详细讲解如何使用Lora模型来绘制一个写实风格的古装虚拟女性角色形象。图4-4所示为本例所绘制完成的图像结果。

图 4-4

01 在“模型”选项卡中，单击“majicMIX realistic麦橘写实”，如图4-5所示，将其设置为“Stable Diffusion模型”。

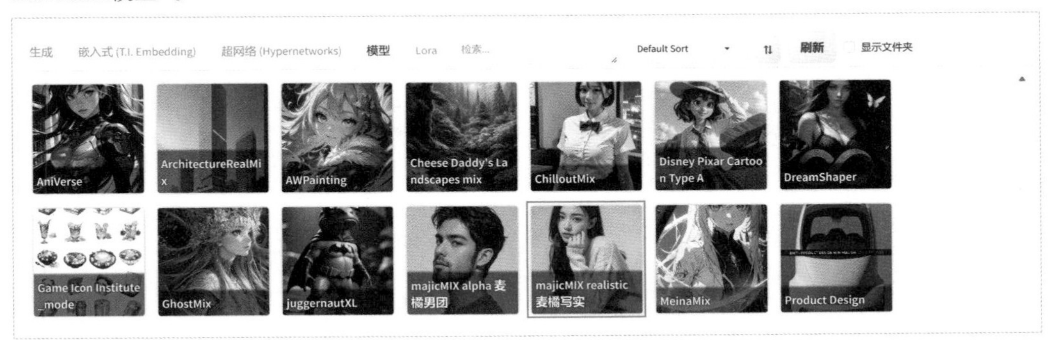

图 4-5

02 设置“外挂VAE模型”为None，输入正向提示词“1女孩，微笑，黑色头发，长发，汉服，上半身，蓝天，云”，按Enter键将其翻译为英文“1girl,smile,black hair,long hair,hanfu,upper_body,blue_sky,cloud,”，如图4-6所示。

图 4-6

03 在“反向词”文本框内输入“正常质量，最差质量，低分辨率，低质量”，按Enter键将其翻译为英文“normal quality,worst quality,lowres,low quality,”，并提高这些反向提示词的权重，如图4-7所示。

13/75

(normal quality:2),(worst quality:2),(lowres:2),(low quality:2),

反向词 (13/75)　请输入新关键词

(normal quality:2) × (worst quality:2) × (lowres:2) × (low quality:2) ×

(正常质量:2) (最差质量:2) (低分辨率:2) (低质量:2)

图 4-7

04 在“嵌入式（T.I.Embedding）”选项卡中，单击“badhandv4”，如图4-8所示，将其添加至“反向词”文本框中，如图4-9所示。

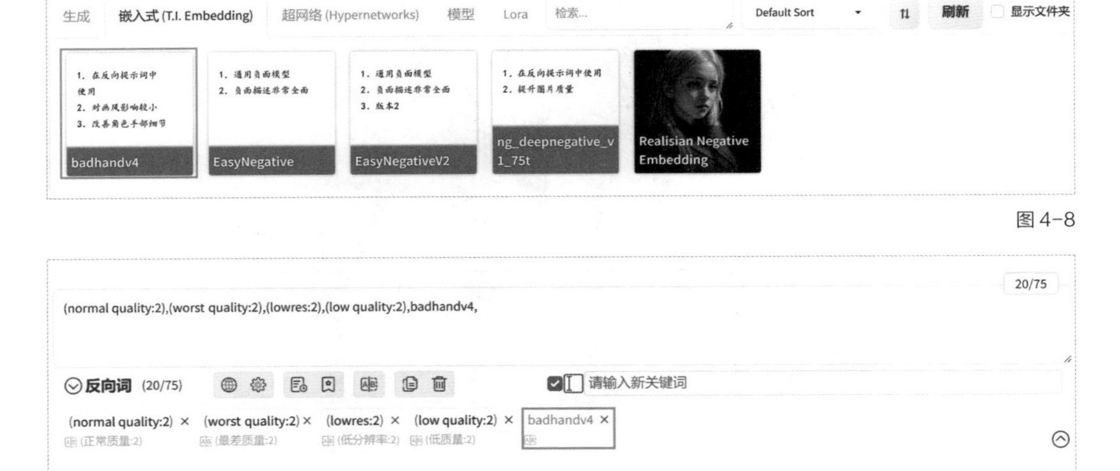

图 4-8

图 4-9

05 在“生成”选项卡中，设置“迭代步数（Steps）”为35，“高分迭代步数”为20，“放大倍数”为1.5，“宽度”为700，“高度”为1000，“总批次数”为2，如图4-10所示。

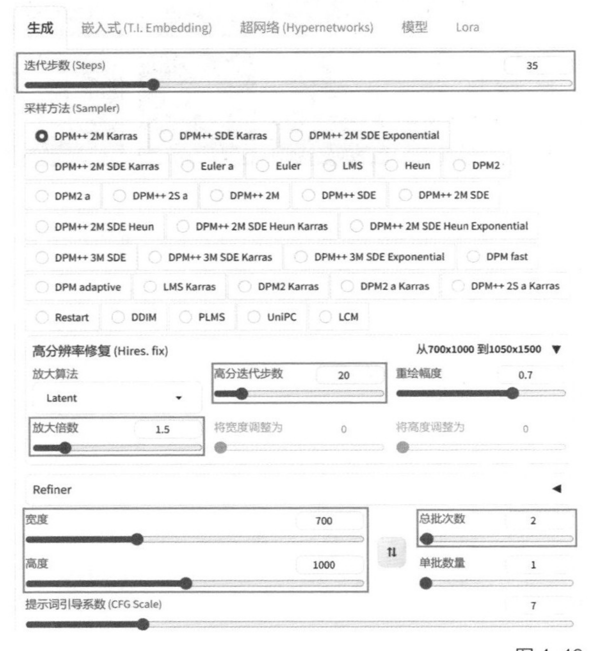

图 4-10

06 设置完成后，绘制的图像结果如图4-11所示，可以看到这些图像的效果基本符合之前所输入的提示词规定的效果，但是角色形象身上的服装略显简单。

07 在“Lora”选项卡中，单击“dunhuangV3”，如图4-12所示。

图 4-11

图 4-12

08 以上设置完成后，可以看到该Lora模型会出现在“正向提示词”文本框中，将“dunhuangV3”Lora模型的权重设置为0.8，如图4-13所示。

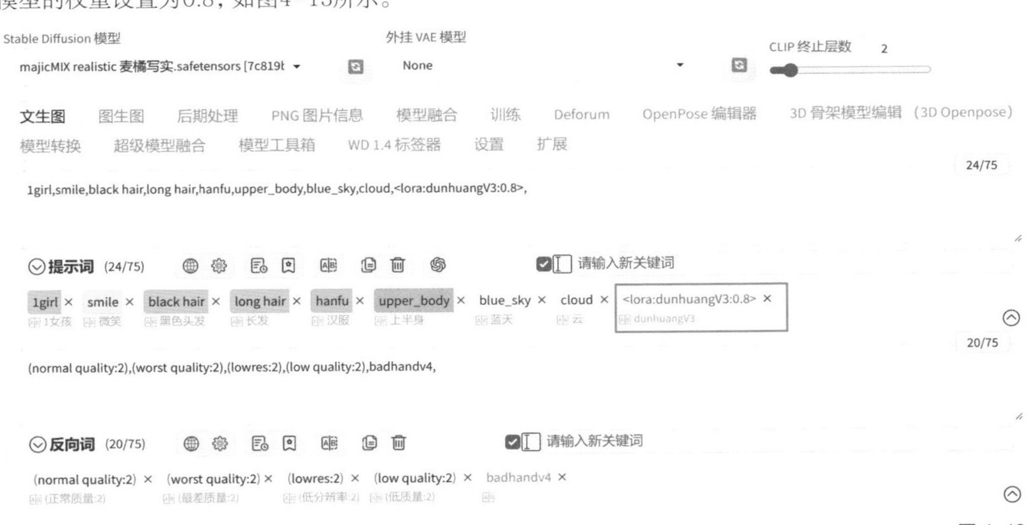

图 4-13

09 重绘图像，添加Lora模型后的绘制效果如图4-14所示，可以看出角色形象身上的服装效果添加了许多细节。

图 4-14

4.2.2 课堂案例：绘制多个角度的动画角色形象

效果位置	效果文件 > 第 4 章 >4.2.2.png
素材位置	无
视频位置	视频文件 > 第 4 章 > 绘制多个角度的动画角色形象.mp4

Lora模型可以同时绘制多个不同角度的角色形象设计图，角色形象设计师可以参考这些由AI绘图软件绘制的图像进行二次创作，也可以将这些图像当作自己在创作上的灵感来源。本例将详细讲解如何使用Lora模型来绘制穿着同样服装的多个不同角度的角色形象。图4-15所示为本例所绘制完成的图像结果。

图 4-15

01 在“模型”选项卡中，单击“填色大师Coloring_master_anime”，如图4-16所示，将其设置为“Stable Diffusion模型”。

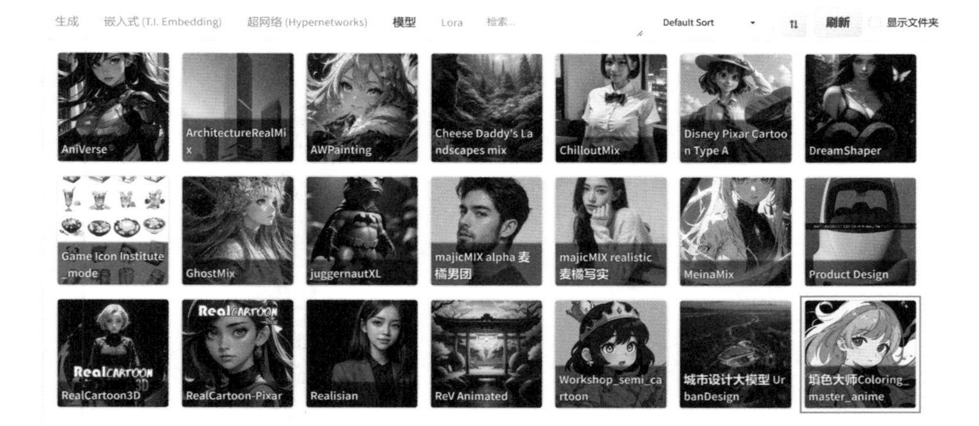

图 4-16

02 设置“外挂VAE模型”为None，输入正向提示词“1女孩，微笑，黑色头发，短发，全身，蓝色外套，蓝色裤子，运动鞋，站立，白色背景，杰作”，按Enter键将其翻译为英文“1girl,smile,black hair,short hair,full_body,blue coat,blue_pants,sneakers,standing,white_background,masterpiece,”，然后提高正向提示词“白色背景”和“杰作”的权重，如图4-17所示。

图 4-17

03 在“反向词”文本框内输入“正常质量，最差质量，低分辨率，低质量”，按Enter键将其翻译为英文“normal quality,worst quality,lowres,low quality,”，并提高这些反向提示词的权重，如图4-18所示。

13/75

(normal quality:2),(worst quality:2),(lowres:2),(low quality:2),

反向词 (13/75)　请输入新关键词

(normal quality:2) (正常质量:2)　(worst quality:2) (最差质量:2)　(lowres:2) (低分辨率:2)　(low quality:2) (低质量:2)

图 4-18

04 在“嵌入式（T.I.Embedding）”选项卡中，单击“badhandv4”，如图4-19所示，将其添加至“反向词”文本框中，如图4-20所示。

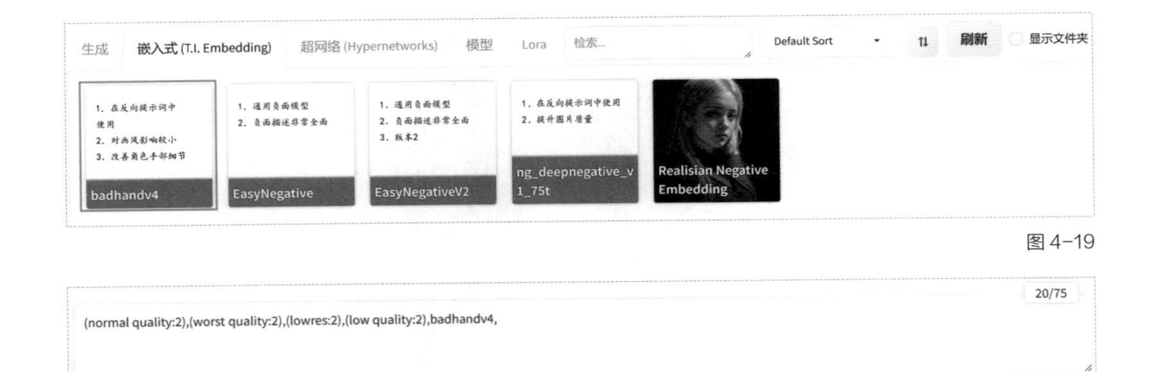

图 4-19

20/75

(normal quality:2),(worst quality:2),(lowres:2),(low quality:2),badhandv4,

反向词 (20/75)

请输入新关键词

(normal quality:2) × (worst quality:2) × (lowres:2) × (low quality:2) × badhandv4 ×

(正常质量:2) (最差质量:2) (低分辨率:2) (低质量:2)

图 4-20

05 在“生成”选项卡中，设置“迭代步数（Steps）”为35，“高分迭代步数”为20，“放大倍数”为1.5，“宽度”为1000，“高度”为700，“总批次数”为1，如图4-21所示。

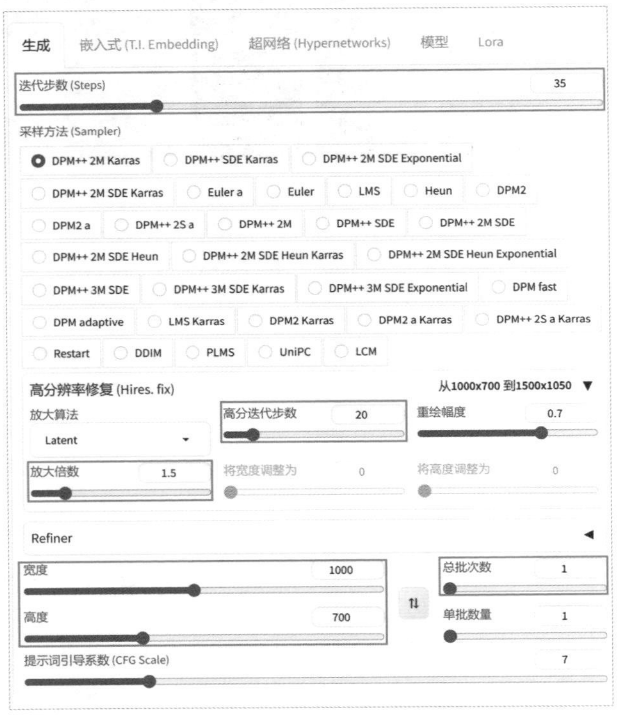

图 4-21

06 设置完成后，绘制的图像结果如图4-22所示，可以看到这些图像的效果基本符合之前所输入的提示词规定的效果。

图 4-22

07 在“Lora”选项卡中，单击“CharTurnerBeta”，如图4-23所示。

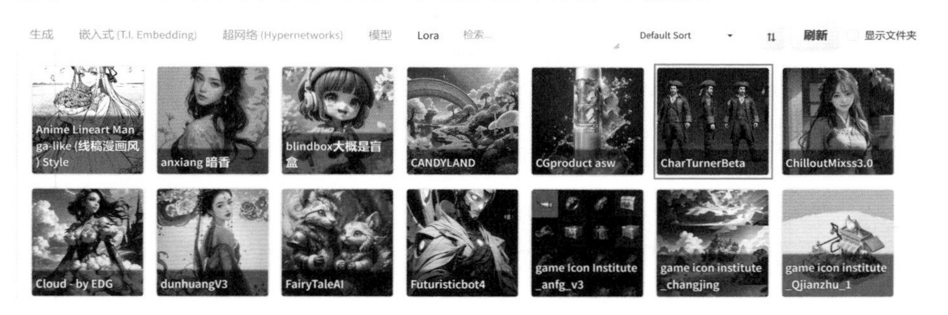

图 4-23

08 设置完成后，可以看到该Lora模型会出现在“正向提示词”文本框中，将“CharTurnerBeta”Lora模型的权重设置为0.6，并补充正向提示词“多视图”，将其翻译为英文“multi-view,”，如图4-24所示。

图 4-24

09 重绘图像，添加了Lora模型后的绘制效果如图4-25所示，可以看到图中出现了多个不同角度的穿着同样服装的角色形象。

图 4-25

10 将这些图像在Photoshop中进行修改，最终得到的角色形象多视图展示效果如图4-26所示。

图 4-26

4.2.3 课堂案例：绘制水果店游戏图标

效果位置	效果文件 > 第 4 章 >4.2.3.png
素材位置	无
视频位置	视频文件 > 第 4 章 > 绘制水果店游戏图标.mp4

本例将详细讲解如何使用Lora模型绘制一个水果店游戏图标。图4-27所示为本例所绘制完成的图像结果。

图 4-27

01 在“模型”选项卡中，单击“Game Icon Institute_mode”，如图4-28所示，将其设置为“Stable Diffusion模型”。

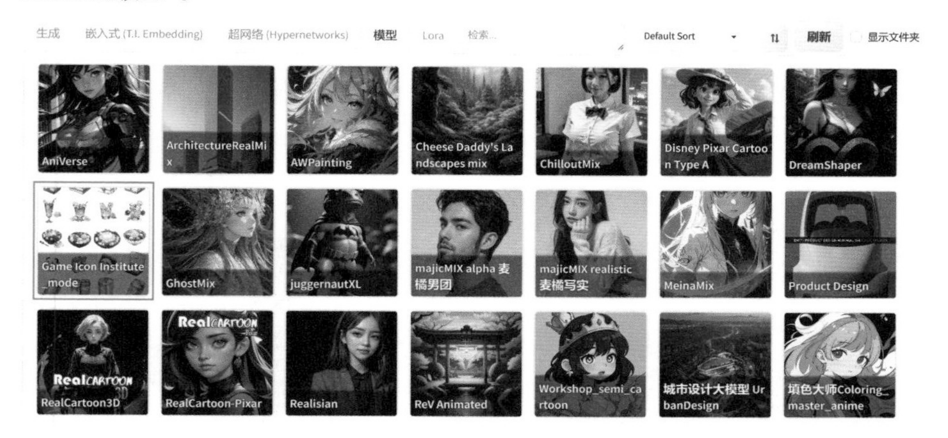

图 4-28

02 设置“外挂VAE模型”为None，输入正向提示词“水果店，西瓜，高细节，杰作，白色背景”，按Enter键将其翻译为英文“fruit shop,watermelon,high detail,masterpiece,white_background,”，如图4-29所示。

图 4-29

03 在“反向词”文本框内输入“商标，文字”，按Enter键将其翻译为英文“logo,text,”，如图4-30所示。

图 4-30

04 在“生成”选项卡中，设置“迭代步数（Steps）”为30，“高分迭代步数”为20，“放大倍数”为2，“宽度”为512，“高度”为512，“总批次数”为2，如图4-31所示。

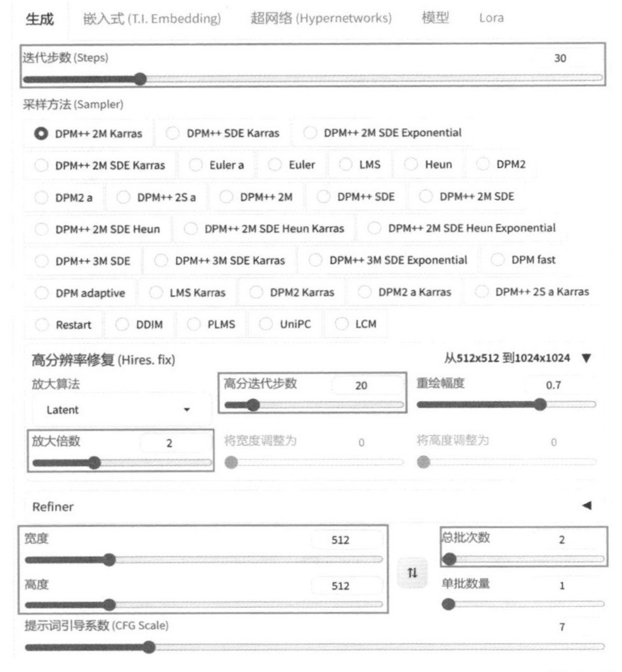

图 4-31

05 设置完成后，绘制的图像结果如图4-32所示，可以看到绘制出了一些西瓜的图像效果。

图 4-32

06 在“Lora”选项卡中，单击“game icon institute_Qjianzhu_1”，如图4-33所示。

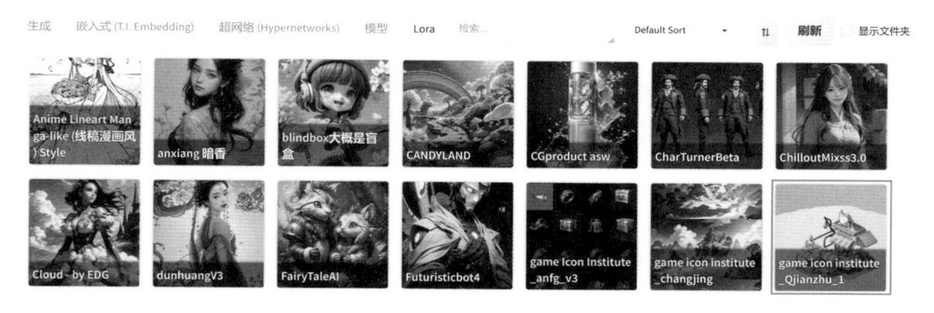

图4-33

07 设置完成后，可以看到该Lora模型会出现在“正向提示词”文本框中，将“game icon institute_Qjianzhu_1”Lora模型的权重设置为0.7，如图4-34所示。

Stable Diffusion 模型
Game Icon Institute_mode.safetensors [0f528d8
外挂 VAE 模型
None
CLIP 终止层数 2

文生图 图生图 后期处理 PNG 图片信息 模型融合 训练 Deforum OpenPose 编辑器 3D 骨架模型编辑（3D Openpose）
模型转换 超级模型融合 模型工具箱 WD 1.4 标签器 设置 扩展

fruit shop,watermelon,high detail,masterpiece,white_background,<lora:game icon institute_Qjianzhu_1:0.7>,
14/75

提示词 (14/75) 请输入新关键词

fruit shop × watermelon × high detail × masterpiece × white_background × <lora:game icon institute_Qjianzhu_1:0.7> ×
水果店 西瓜 高细节 杰作 白色背景 <game icon institute_Qjianzhu_1:0.7>

logo,text,
4/75

反向词 (4/75) 请输入新关键词

logo × text ×
商标 文字

图4-34

08 重绘图像，添加了Lora模型后的绘制效果如图4-35所示，一个以西瓜为主题的水果店游戏图标就绘制完成了。

图4-35

技巧与提示

绘制图标时，如果开启“高分辨率修复”功能，则绘制的图标略显复杂。图4-36所示为开启“高分辨率修复”功能前后的绘制图像对比。

图4-36

4.2.4 Lora模型分类

读者在使用Lora模型前，应确保已经预先下载了Lora模型，并将其复制至软件根目录的models>Lora文件夹中。如果没有将Lora模型下载并复制至指定位置，“Lora”选项卡中的显示内容如图4-37所示。

图4-37

不同的Lora模型的作用和功能差异巨大，根据其特点可以将其分为角色类、建筑类、画面风格类、摄影机运动类等多种类型。如果读者下载了非常多的Lora模型，则可以在软件根目录的models>Lora文件夹中创建新文件夹，并对这些文件夹使用中文命名进行分类，这样有助于快速查找不同类型的Lora模型，如图4-38和图4-39所示。如果读者没有下载很多的Lora模型，则无须将其分类放置。

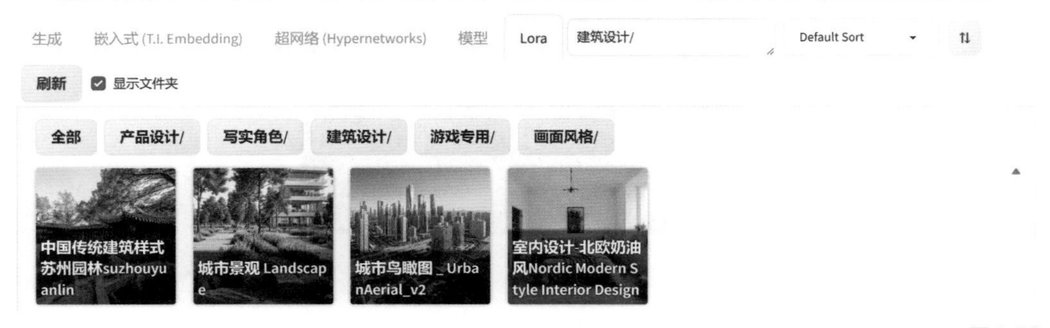

图4-38

图 4-39

4.3 课后习题

4.3.1 绘制国画风格山水画

效果位置	效果文件 > 第 4 章 >4.3.1.png
素材位置	无
视频位置	视频文件 > 第 4 章 > 绘制国画风格山水画.mp4

本习题将详细讲解如何使用Lora模型来绘制国画风格的山水画。图4-40所示为本习题所绘制完成的图像结果。

图 4-40

01 在“模型”选项卡中，单击“ArchitectureRealMix”，如图4-41所示，将其设置为“Stable Diffusion模型”。

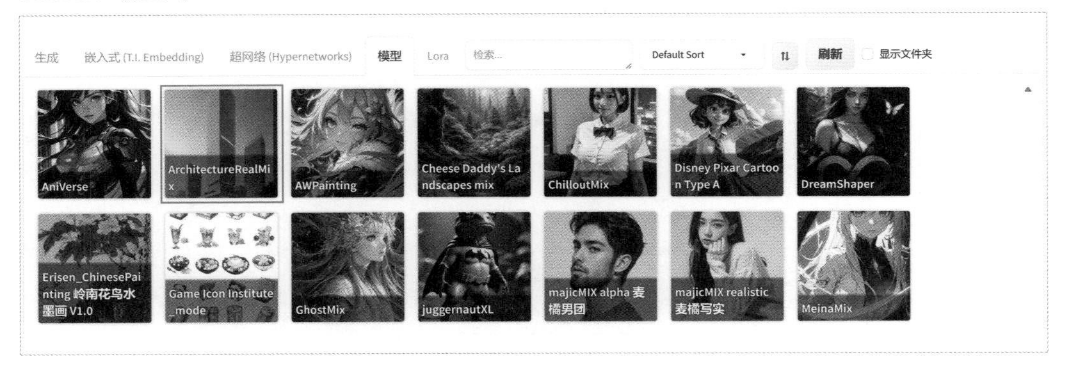

图 4-41

02 设置“外挂VAE模型”为None，输入提示词“山脉，凉亭，树，松树，瀑布，云”，按Enter键将其翻译为英文“mountain,gazebo,tree,pine_tree,waterfall,cloud,”，如图4-42所示。

Stable Diffusion 模型
ArchitectureRealMix.safetensors [f7c2a4bb41]
外挂 VAE 模型
None
CLIP 终止层数 2
文生图 图生图 后期处理 PNG 图片信息 模型融合 训练 Deforum OpenPose 编辑器 3D 骨架模型编辑（3D Openpose）
模型转换 超级模型融合 模型工具箱 WD 1.4 标签器 设置 扩展
15/75
mountain,gazebo,tree,pine_tree,waterfall,cloud,
提示词 (15/75)
请输入新关键词
mountain 山脉 gazebo 凉亭 tree 树 pine_tree 松树 waterfall 瀑布 cloud 云

图 4-42

03 在“反向词”文本框内输入“商标，文字，签名，水印”，按Enter键将其翻译为英文“logo,text,signature,watermark,”，如图4-43所示。

图 4-43

04 在“生成”选项卡中，设置“迭代步数（Steps）”为35，“高分迭代步数”为20，“放大倍数”为1.5，“宽度”为500，“高度”为700，“总批次数”为2，如图4-44所示。

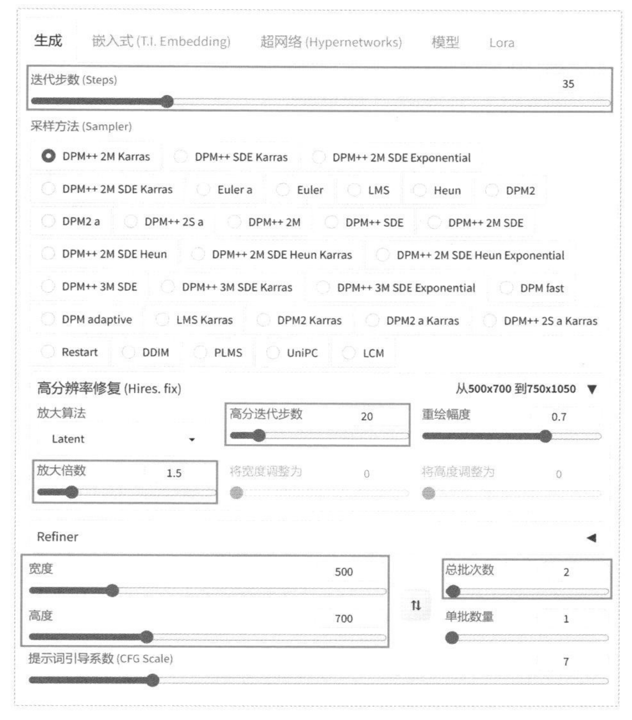

图4-44

05 设置完成后，绘制的图像结果如图4-45所示，可以看到绘制的图像在视觉上非常真实。

图4-45

06 在“Lora”选项卡中，单击“墨心 MoXin”，如图4-46所示。

07 设置完成后，可以看到该Lora模型会出现在“正向提示词”文本框中，将“墨心 MoXin”Lora模型的权重设置为0.9，如图4-47所示。

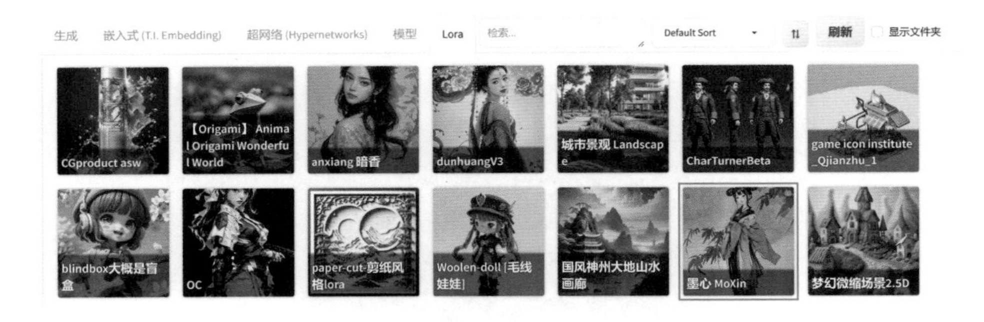

图 4-46

图 4-47

08 重绘图像，添加了Lora模型后的绘制效果如图4-48所示，可以看到画面的风格由写实风格转变为较为明显的国画风格。

图 4-48

4.3.2 绘制科学幻想风格的飞艇

效果位置	效果文件 > 第 4 章 >4.3.2.png
素材位置	无
视频位置	视频文件 > 第 4 章 > 绘制科学幻想风格的飞艇.mp4

当我们准备手绘科学幻想风格的作品前，可以使用AI绘画软件通过简单的描述绘制大量的相关图像，这样或许会为接下来的创作提供一些灵感及思路。本习题将使用Lora模型来绘制科学幻想风格的飞艇图像。图4-49所示为本习题所绘制完成的图像结果。

图 4-49

01 在"模型"选项卡中，单击"ReV Animated"，如图4-50所示，将其设置为"Stable Diffusion模型"。

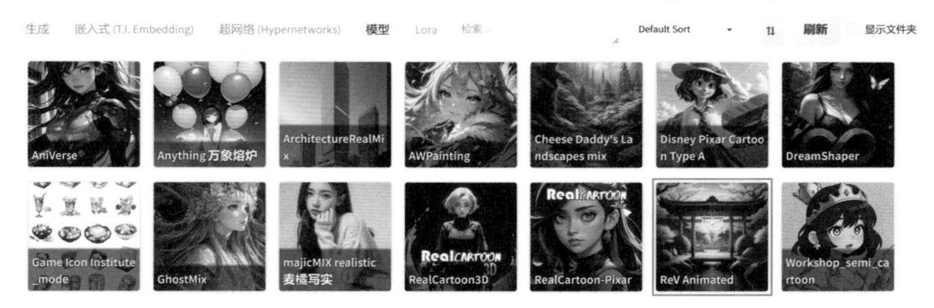

图 4-50

02 设置"外挂VAE模型"为None，输入提示词"鱼形状的飞艇，云，超高细节"，按Enter键将其翻译为英文"a fish shaped airship,cloud,ultra high details,"，如图4-51所示。

图 4-51

03 在“生成”选项卡中，设置“迭代步数(Steps)”为35，“高分迭代步数”为20，“放大倍数”为1.5，“宽度”为1000，“高度”为700，“总批次数”为2，如图4-52所示。

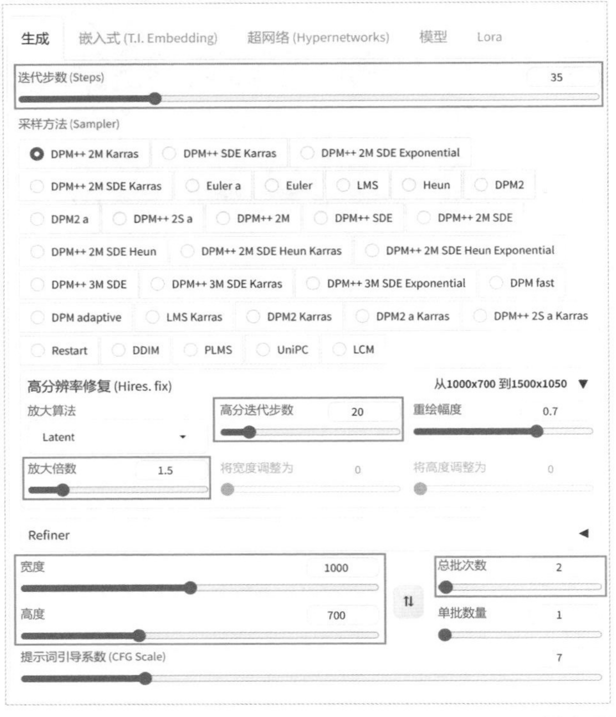

图 4-52

04 设置完成后，绘制的图像结果如图4-53所示，可以看到这些图像的效果基本符合之前所输入的提示词规定的效果，但是图像在视觉上缺乏细节与美感。

图 4-53

05 在“Lora”选项卡中，单击“IvoryGoldAI-konyconi”，如图4-54所示。

06 设置完成后，该Lora模型会出现在“正向提示词”文本框中，如图4-55所示。

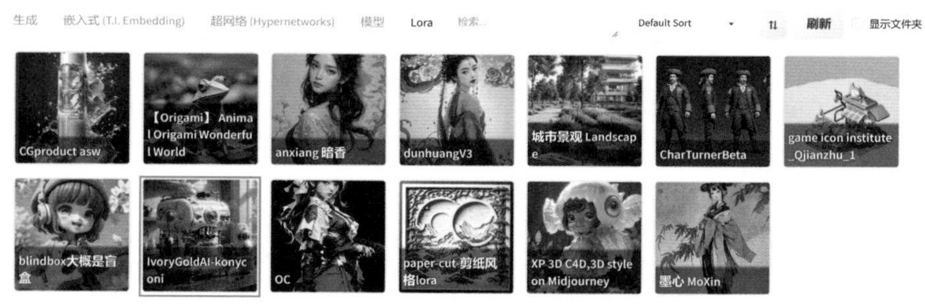

图4-54

图4-55

07 重绘图像，添加了Lora模型后的绘制效果如图4-56所示。

图4-56

ControlNet应用

本章导读

本章主要讲解如何在 Stable Diffusion 中使用 ControlNet 插件来辅助我们进行图像生成。

学习要点

- ControlNet的应用。
- 使用 ControlNet控制角色形象的肢体动作。
- 使用 ControlNet生成产品效果图。

5.1 ControlNet概述

通过前4章的课堂案例，相信读者对使用Stable Diffusion软件来进行AI绘画的操作已经非常熟练了。Stable Diffusion可以根据我们提供的提示词绘制出对应的图像，但是我们在使用Stable Diffusion的过程中也常会产生一些疑问，如怎样更加准确地控制角色形象的肢体动作。这就需要我们使用一个插件——ControlNet。ControlNet是一种基于神经网络结构的可以安装在Stable Diffusion软件中的插件，它通过添加额外的条件来控制扩散模型。有了ControlNet的帮助，我们可以通过角色形象的骨骼图来控制图像中角色形象的肢体动作，而不用通过更换提示词来进行抽卡式绘图了。当然，ControlNet的功能远不止于此，相信读者一定可以在本章所介绍的课堂案例中挖掘出ControlNet的更多功能。图5-1和图5-2所示为使用ControlNet辅助绘制完成的两幅角色形象图像的效果。仔细观察这两幅图像，不难看出其中角色形象的肢体动作非常相似。

图5-1

图5-2

5.2 ControlNet应用

5.2.1 课堂案例：根据照片设置角色形象的肢体动作

效果位置	效果文件 > 第 5 章 >5.2.1.png
素材位置	素材 > 照片.png
视频位置	视频文件 > 第 5 章 > 根据照片设置角色形象的肢体动作.mp4

学习了之前的课堂案例，相信读者已经对Stable Diffusion生成图像有所了解，并且也意识到了当我们通过文字描述来生成人物角色形象时，生成的肢体动作具有非常大的随机性。接下来，本例讲解如何使用照片来尽可能地控制角色形象的肢体动作。图5-3所示为本例所使用的照片及绘制出的图像结果。

01 在“模型”选项卡中，单击“RealCartoon3D”，如图5-4所示，将其设置为“Stable Diffusion模型”。

02 设置“外挂VAE模型”为None，在“文生图”选项卡中输入正向提示词“1女孩，微笑，拿着杯子，白衬衫，黑色头发，短发，夜晚，霓虹灯，坐在长椅上”，按Enter键生成对应的英文正向提示词“1girl,smile,holding the cup,white_shirt,black hair,short hair,night,neon lights,sitting on a

bench,”，如图5-5所示。

图 5-3

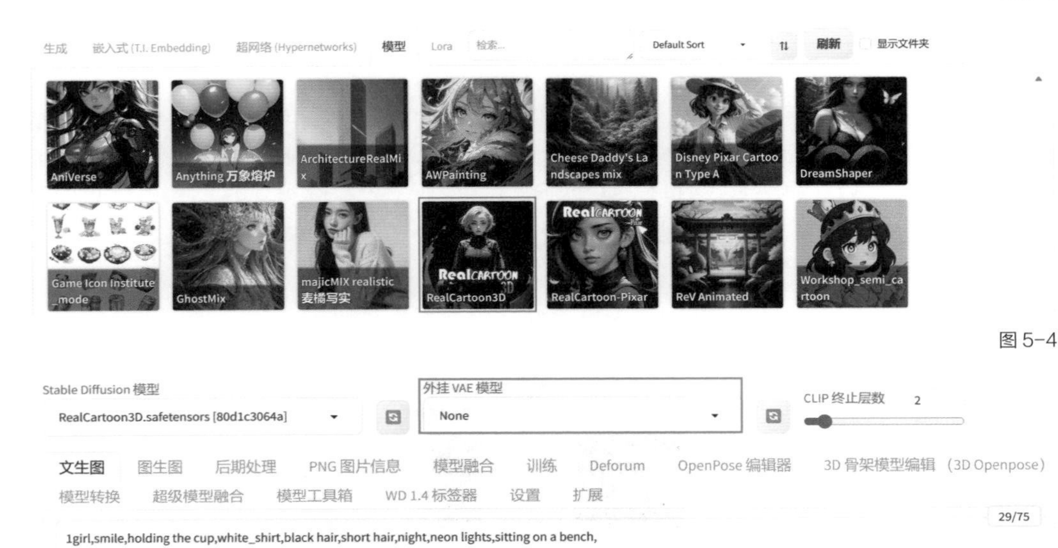

图 5-4

图 5-5

03 在“嵌入式（T.I.Embedding）”选项卡中，单击“badhandv4”，如图5-6所示，将其添加至“反向词”文本框中，如图5-7所示。

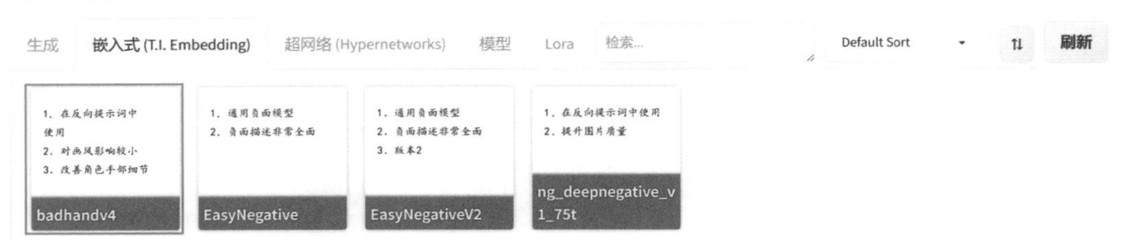

图 5-6

图 5-7

04 在“反向词”文本框内输入“正常质量，最差质量，低质量，低分辨率”，按Enter键将其翻译为英文“normal quality,worst quality,low quality,lowres,”，并提高这些反向提示词的权重，如图5-8所示。

图 5-8

05 在“ControlNet v1.1.419”卷展栏中，添加“照片.jpg”文件，勾选“启用”和“完美像素模式”复选框，设置“控制类型”为“OpenPose（姿态）”，“控制模式”为“更偏向ControlNet”，然后单击Run preprocessor（运行预处理）按钮，如图5-9所示。

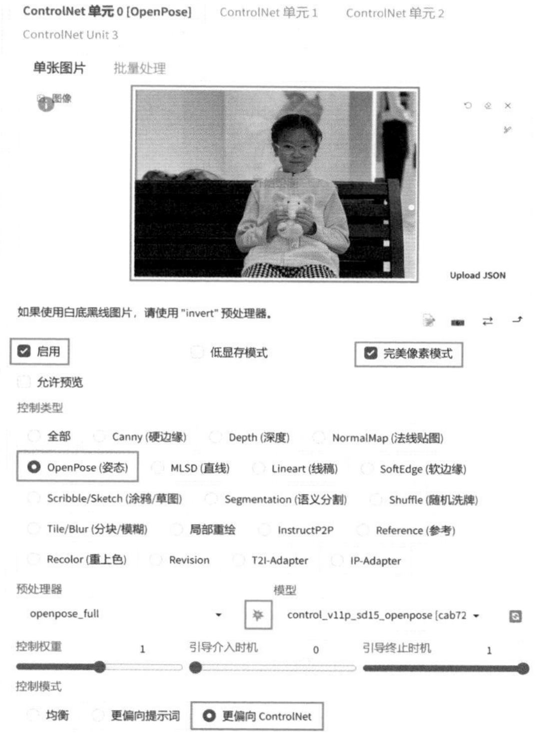

图 5-9

06 经过一段时间的计算，在“单张图片”选项卡中照片的右侧会显示出计算得到的角色形象的骨骼图，这张图可能不会特别准确，单击“预处理结果预览”右下方的“编辑”按钮，如图5-10所示。

图 5-10

07 在弹出的“SD-WEBUI-OPENPOSE-EDITOR”面板中，我们可以看到角色形象的手部的骨骼不太准确，如图5-11所示。

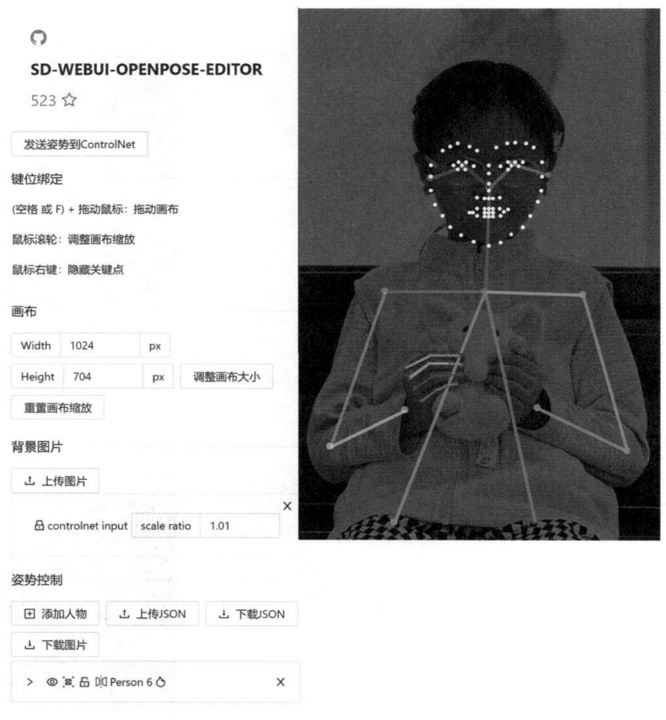

图 5-11

08 在“姿势控制”组中，单击“Left Hand”卷展栏和“Right Hand”卷展栏右侧的按钮☒，如图5-12所示，即可删除角色形象的左手和右手的骨骼，如图5-13所示。

图 5-12

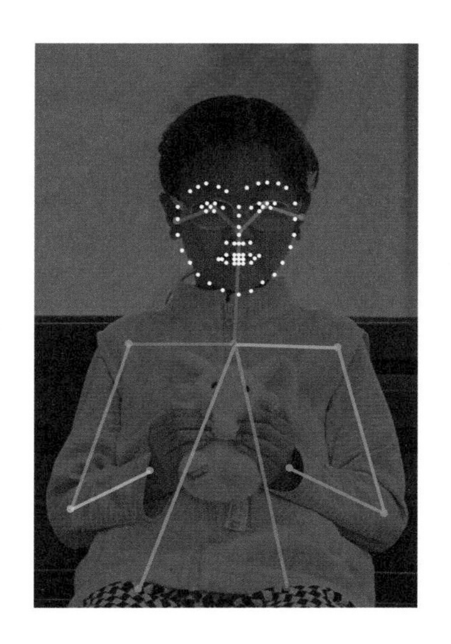

图 5-13

09 单击“添加左手”和“添加右手”按钮，如图5-14所示，即可重新在角色形象的手腕处添加左手骨骼和右手骨骼，如图5-15所示。

图 5-14

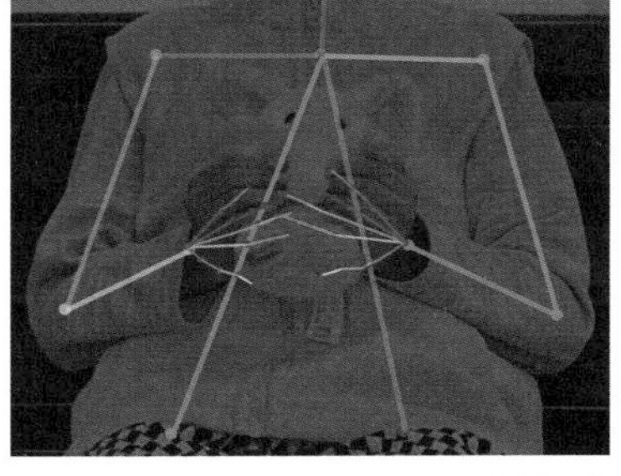

图 5-15

10 单击“Left Hand”卷展栏和“Right Hand”卷展栏左侧的“解组”按钮，如图5-16所示，这样我们就可以通过单独调整角色形象双手骨骼上的控制点来改变手势。

11 在“SD-WEBUI-OPENPOSE-EDITOR”面板中，微调手势至图5-17所示的结果，调整完成后，单击“发送姿势到ControlNet”按钮，如图5-18所示。

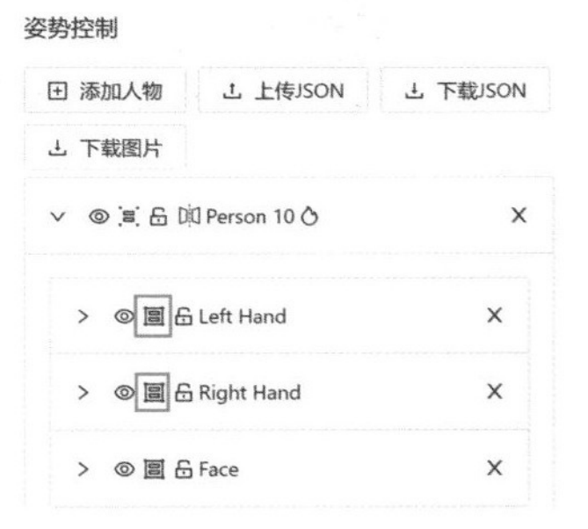

图 5-16

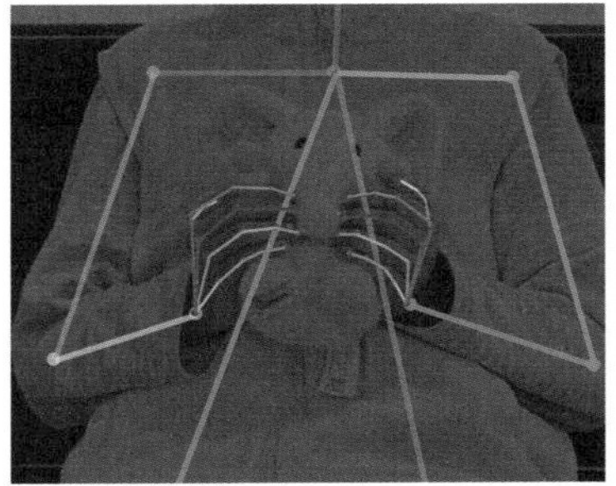

图 5-17

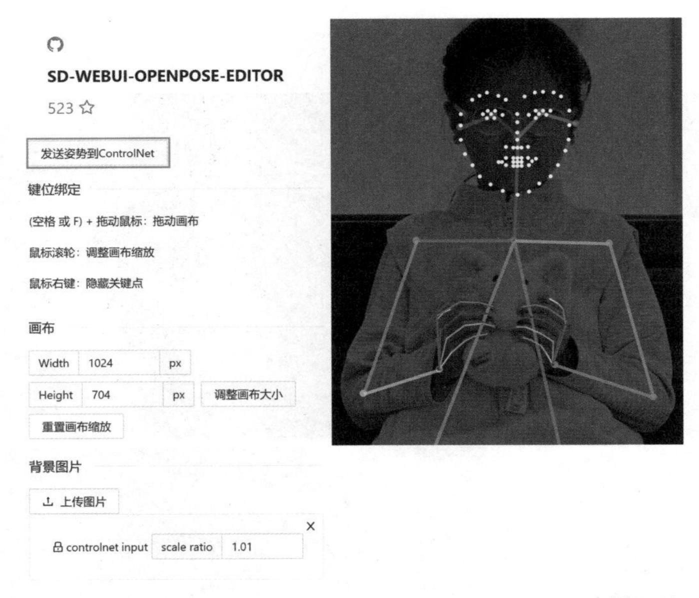

图 5-18

⑫ 在“生成”选项卡中，设置“迭代步数(Steps)”为30，“高分迭代步数”为20，“放大倍数”为1.5，“宽度”为1000，“高度”为700，“总批次数”为4，如图5-19所示。

图 5-19

13 设置完成后，绘制的图像结果如图5-20所示，可以看到这些图像的效果基本符合之前所输入的提示词规定的效果，且角色形象的肢体动作与我们上传的参考照片中人物的肢体动作较为相似。

图 5-20

5.2.2 课堂案例：根据渲染图重绘产品效果图

效果位置	效果文件 > 第 5 章 >5.2.2.png
素材位置	素材 > 茶壶渲染图.jpg
视频位置	视频文件 > 第 5 章 > 根据渲染图重绘产品效果图.mp4

本例将详细讲解如何使用ControlNet插件重绘产品效果图。图5-21所示为本例所使用的产品渲染图及由AI绘画软件绘制完成的图像结果。

图 5-21

01 在“模型”选项卡中，单击“Product Design”，如图5-22所示，将其设置为“Stable Diffusion模型”。

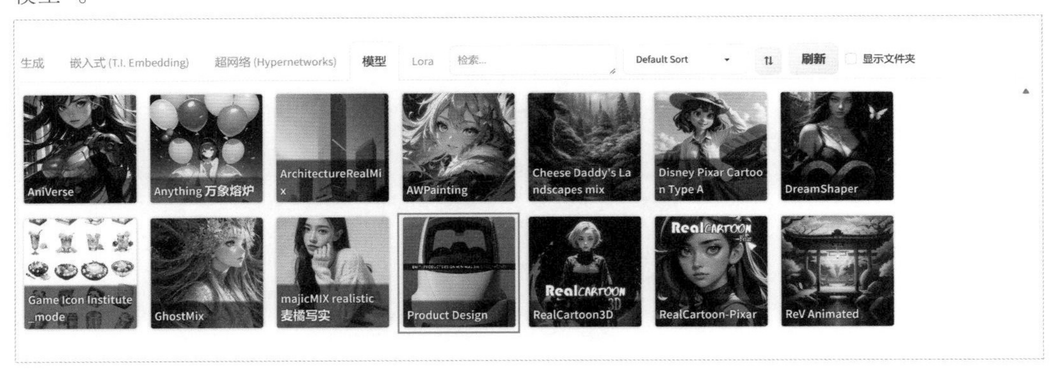

图 5-22

02 设置“外挂VAE模型”为None，在“文生图”选项卡中输入正向提示词“茶壶，青花瓷，牡丹花纹，金线描边，灰色背景”，按Enter键生成对应的英文正向提示词“teapot,blue and white porcelain,peony pattern,gold line border tracing,grey_background,”，如图5-23所示。

图 5-23

03 在“ControlNet单元0”选项卡中，添加“茶壶渲染图.jpg”文件，勾选“启用”和“完美像素模式”复选框，设置“控制类型”为“Canny（硬边缘）”，然后单击Run preprocessor按钮，如图5-24所示。

04 经过一段时间的计算，在“单张图片”选项卡中图片的右侧会显示出计算得到的茶壶硬边缘图，如图5-25所示。

技巧与提示

使用AI绘图软件绘制产品效果图时，最好先使用三维软件制作并渲染出产品的形体，这样才能确保产品效果图中的产品结构准确。

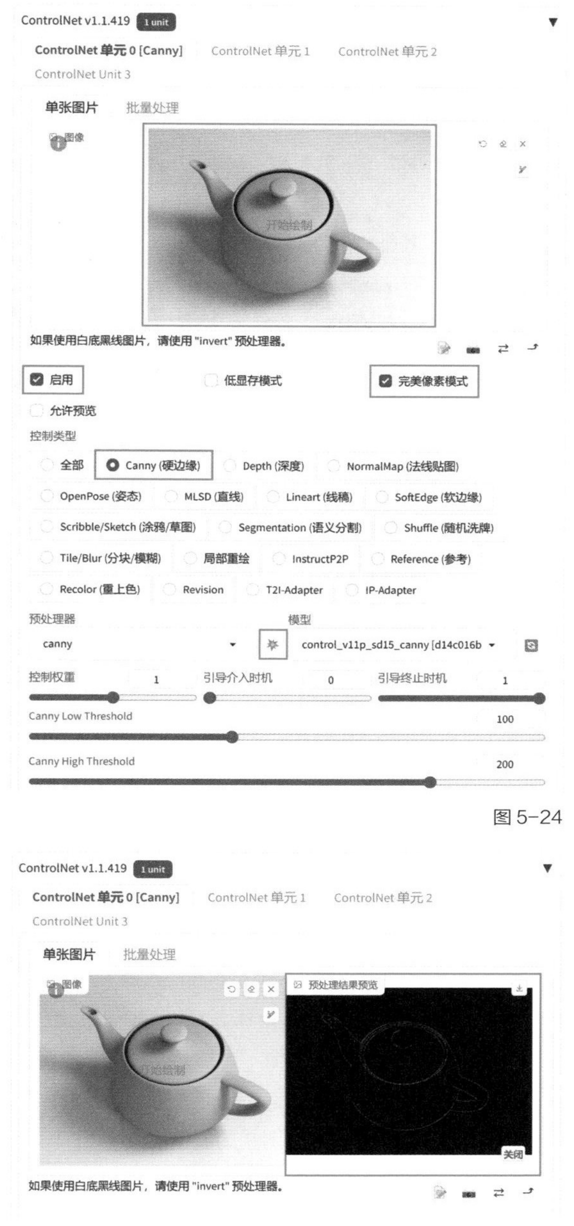

图 5-24

图 5-25

05 在“ControlNet单元1”选项卡中，添加“茶壶渲染图.jpg”文件，勾选“启用”和“完美像素模式”复选框，设置“控制类型”为“Depth（深度）”，“控制权重”为0.5，然后单击Run preprocessor按钮，如图5-26所示。

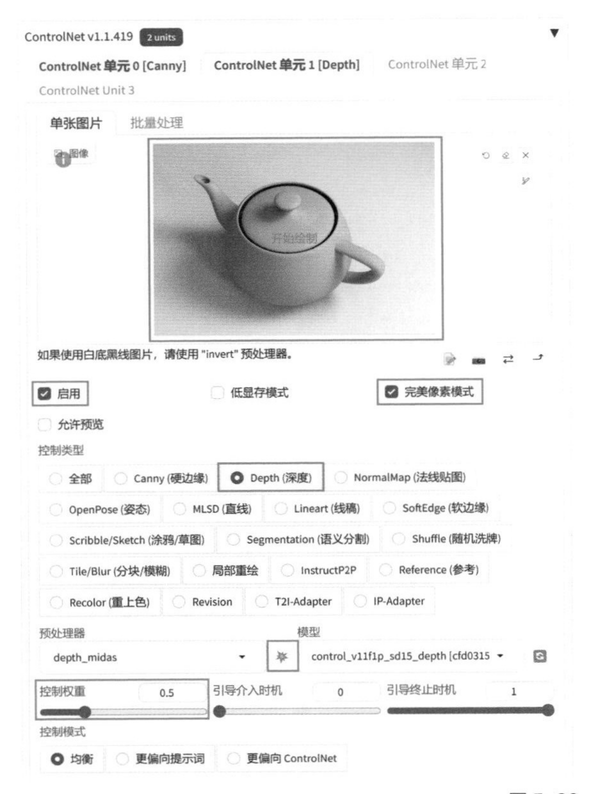

图 5-26

06 经过一段时间的计算，在“单张图片”选项卡中图片的右侧会显示出计算得到的茶壶深度图，如图5-27所示。

图 5-27

07 在“生成”选项卡中，设置“迭代步数(Steps)”为30，“高分迭代步数”为20，“放大倍数”为1.5，“宽度”为1000，“高度”为700，“总批次数”为4，如图5-28所示。

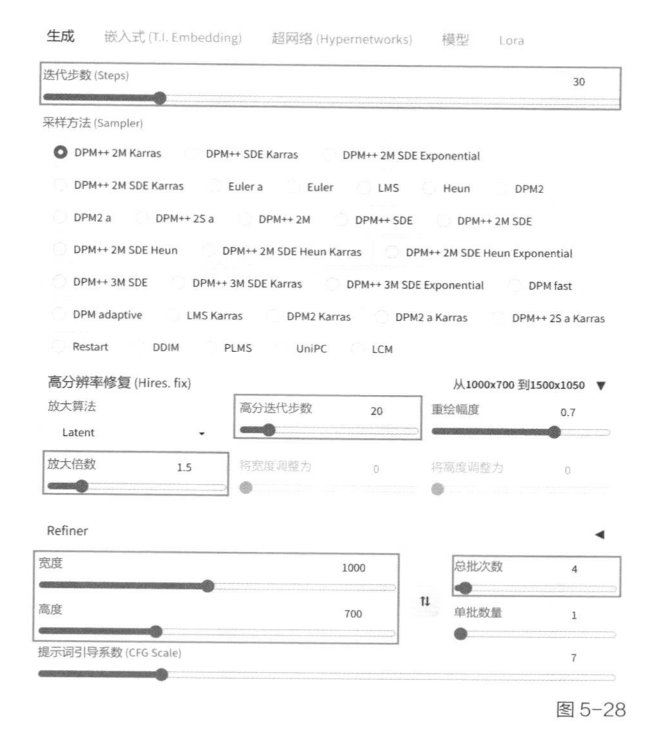

图 5-28

08 设置完成后，绘制的图像结果如图5-29所示。可以看出绘制的茶壶形态与上传的渲染图中的茶壶形态基本一致。

图 5-29

09 在“Lora”选项卡中，单击“IvoryGoldAI-konyconi”，如图5-30所示。

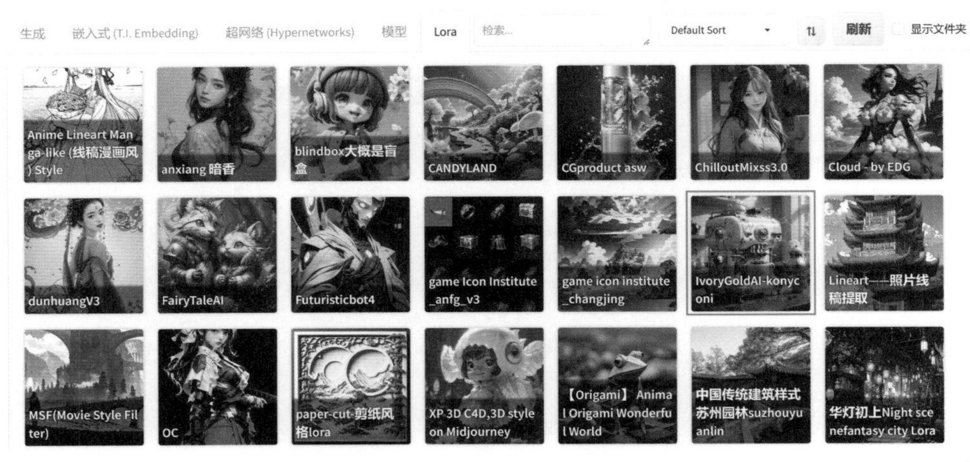

图 5-30

10 设置完成后，可以看到该Lora模型会出现在“正向提示词”文本框中，如图5-31所示。

图 5-31

11 重绘图像，本例最终绘制的图像结果如图5-32所示。

图 5-32

5.2.3 “ControlNet v1.1.419”卷展栏

“ControlNet v1.1.419”卷展栏展开后，其中的参数设置如图5-33所示。

图 5-33

工具解析

- **启用：**勾选该复选框则开始启用ControlNet插件功能。
- **低显存模式：**对于安装单机版Stable Diffusion的用户而言，如果用户计算机的显存较小，则可以勾选该复选框。
- **完美像素模式：**勾选该复选框，可以使计算机计算最佳预处理器分辨率以得到最好的图像效果。
- **允许预览：**用于预览预处理器计算后的图像效果。
- **控制类型：**用于设置ControlNet插件控制画面的类型。

- **预处理器：** 根据不同的控制类型选择不同的ControlNet插件的预处理器。
- **模型：** 根据不同的预处理器选择不同的ControlNet插件的模型。
- **控制权重：** 用于设置ControlNet插件的控制权重。
- **引导介入时机/引导终止时机：** 用于设置ControlNet插件的引导介入时机/引导终止时机。
- **控制模式：** 用于设置提示词和ControlNet对于生成图像的影响力，有“均衡”“更偏向提示词”“更偏向ControlNet”3种选项可选。
- **缩放模式：** 一般情况下，ControlNet图像的分辨率应与Stable Diffusion中图像的分辨率保持一致，如果两者不同，则用户可以使用缩放模式进行调整，有“仅调整大小”“裁剪后缩放”“缩放后填充空白”3种选项可选。

技巧与提示

读者在使用ControlNet插件前先检查根目录下extensions>sd-webui-controlnet>models文件夹内是否有相应的模型文件。如果没有相应的模型文件，可以在相关网站下载ControlNet模型，并将模型复制至根目录下extensions>sd-webui-controlnet>models文件夹内，此时才可以正常使用ControlNet插件，如图5-34所示。

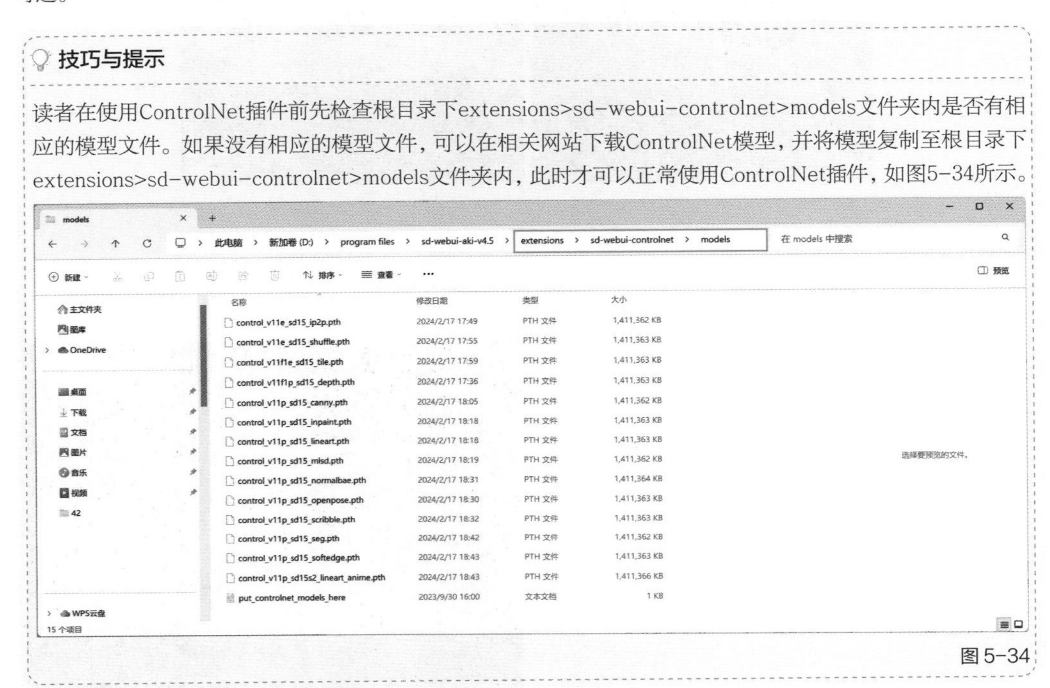

图5-34

5.3 OpenPose编辑器

OpenPose编辑器主要用于设置角色形象的肢体动作，需要与ControlNet搭配使用。

5.3.1 课堂案例：使用OpenPose编辑器设置角色形象的肢体动作

效果位置	效果文件 > 第 5 章 >5.3.1.png
素材位置	素材 >pose.png
视频位置	视频文件 > 第 5 章 > 使用 OpenPose 编辑器设置角色形象的肢体动作.mp4

本例将详细讲解如何使用OpenPose编辑器设置角色形象的肢体动作。图5-35所示为本例所制作的骨骼图及绘制的图像结果。

图 5-35

01 打开“OpenPose编辑器”选项卡，如图5-36所示。

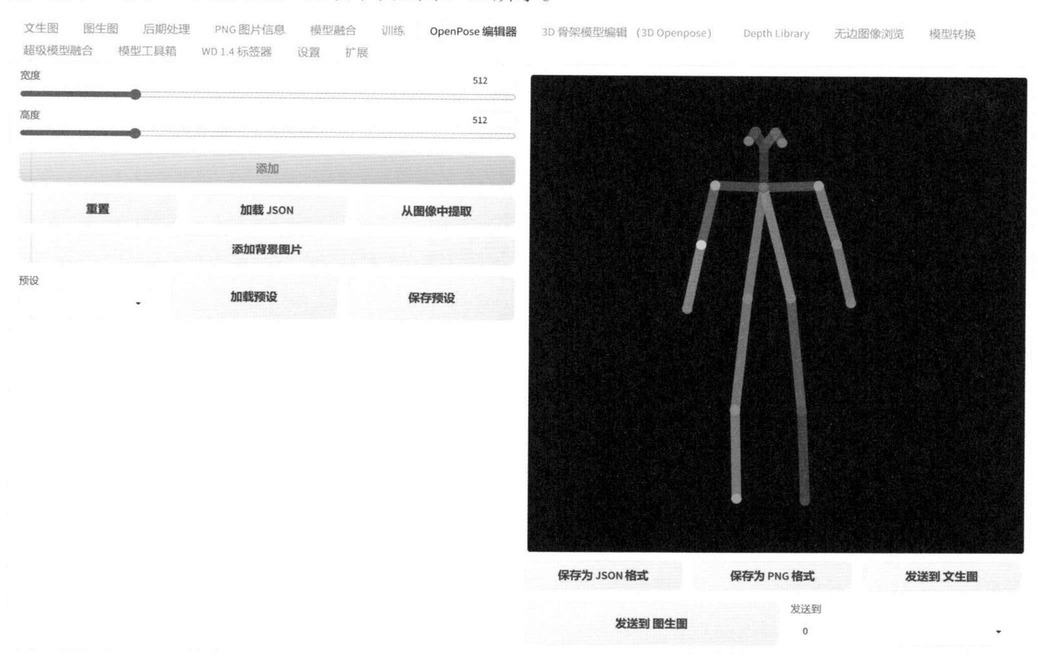

图 5-36

02 在“OpenPose编辑器”选项卡中，设置“宽度”为700，“高度”为1000，如图5-37所示。

03 缩放并调整骨骼的姿势，如图5-38所示。

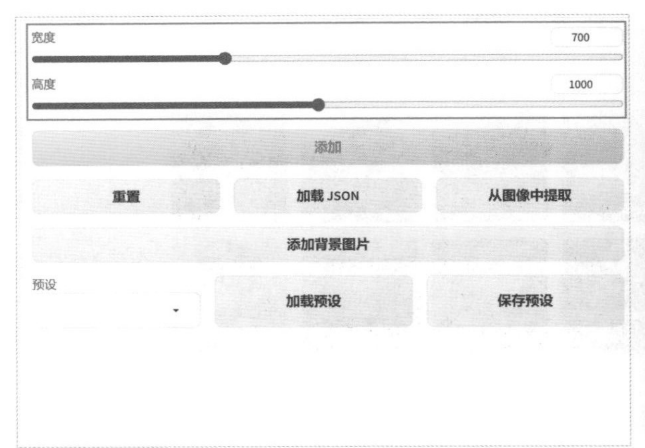

图 5-37

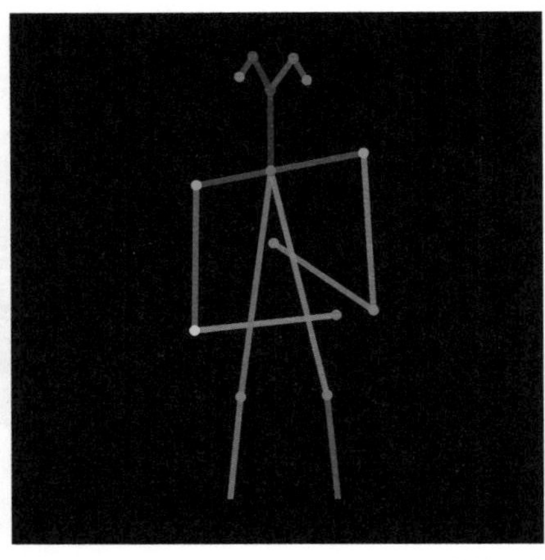

图 5-38

> **技巧与提示**
>
> 读者可以观看本例对应的教学视频以学习如何调整骨骼的姿势。

图 5-39

04 单击“发送到 文生图”按钮，如图5-39所示。

05 在“ControlNet v1.1.419”卷展栏中，可以看到刚刚调整完成的骨骼图，设置“控制类型”为“OpenPose（姿态）”，设置“预处理器”为“none”，如图5-40所示。

> **技巧与提示**
>
> 本书的配套教学资源中提供了制作好的骨骼图，读者可以直接使用。

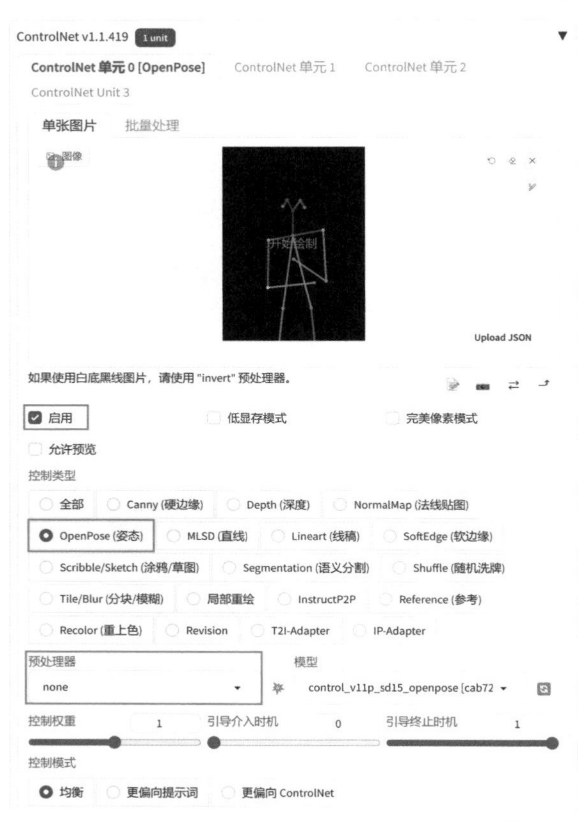

图 5-40

06 在“模型”选项卡中，单击“RealCartoon3D”，如图5-41所示，将其设置为“Stable Diffusion模型”。

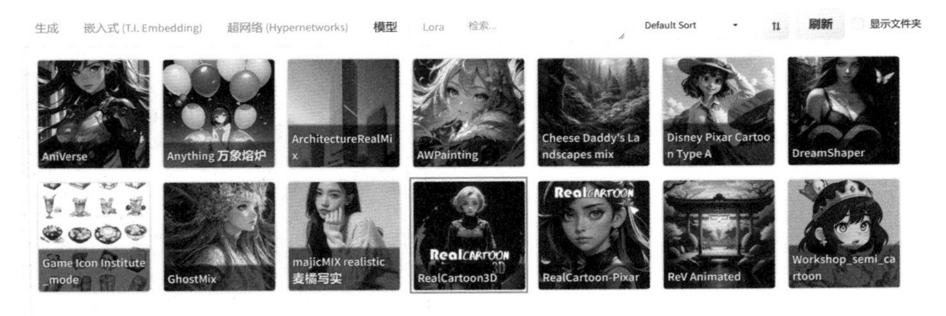

图5-41

07 设置“外挂VAE模型”为None，在“文生图”选项卡中输入中文正向提示词“1女孩，微笑，黑色头发，长发，T恤，裤子，阳台，夜晚”，按Enter键生成对应的英文正向提示词“1girl,smile,black hair,long hair,t-shirt,pantaloons,terrace,night,”，如图5-42所示。

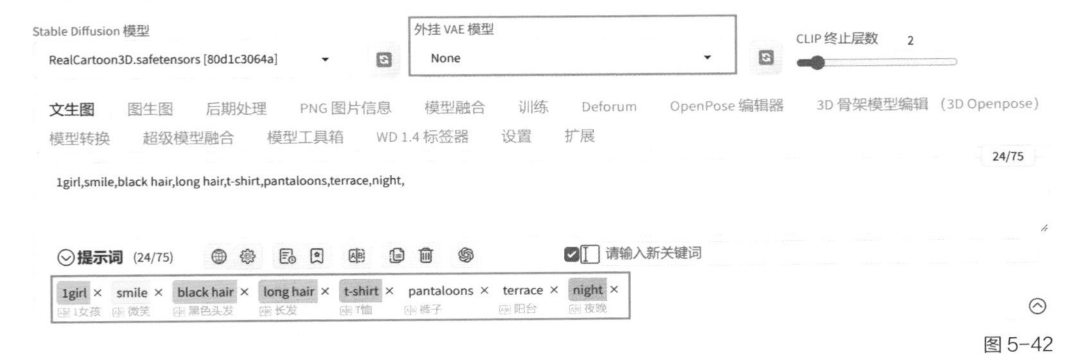

图5-42

08 在“嵌入式（T.I.Embedding）”选项卡中，单击“badhandv4”，如图5-43所示，将其添加至“反向词”文本框中，如图5-44所示。

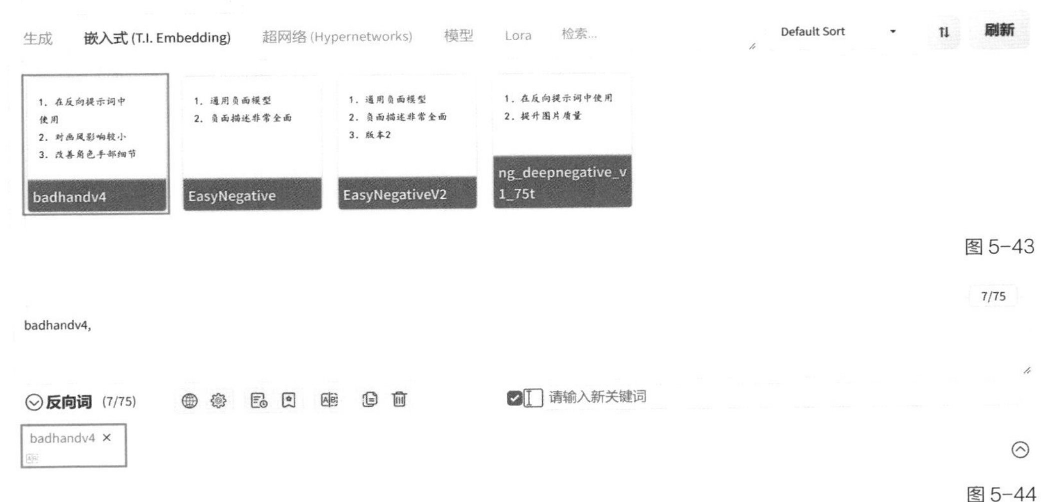

图5-43

图5-44

09 在“反向词”文本框内输入“正常质量，最差质量，低质量，低分辨率”，按Enter键将其翻译为英文“normal quality,worst quality,low quality,lowres,”，并提高这些反向提示词的权重，如图5-45所示。

图 5-45

10 在“生成”选项卡中，设置“迭代步数（Steps）”为30，“高分迭代步数”为20，“放大倍数”为1.5，“宽度”为700，“高度”为1000，“总批次数”为2，如图5-46所示。

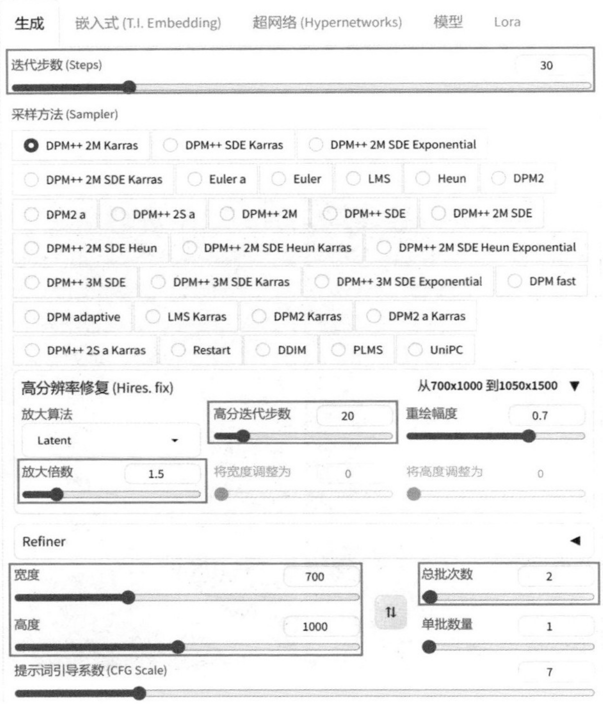

生成　嵌入式 (T.I. Embedding)　超网络 (Hypernetworks)　模型　Lora
迭代步数 (Steps) 30
采样方法 (Sampler)
DPM++ 2M Karras　DPM++ SDE Karras　DPM++ 2M SDE Exponential
DPM++ 2M SDE Karras　Euler a　Euler　LMS　Heun　DPM2
DPM2 a　DPM++ 2S a　DPM++ 2M　DPM++ SDE　DPM++ 2M SDE
DPM++ 2M SDE Heun　DPM++ 2M SDE Heun Karras　DPM++ 2M SDE Heun Exponential
DPM++ 3M SDE　DPM++ 3M SDE Karras　DPM++ 3M SDE Exponential　DPM fast
DPM adaptive　LMS Karras　DPM2 Karras　DPM2 a Karras
DPM++ 2S a Karras　Restart　DDIM　PLMS　UniPC
高分辨率修复 (Hires. fix)　从700x1000 到1050x1500
放大算法 Latent　高分迭代步数 20　重绘幅度 0.7
放大倍数 1.5　将宽度调整为 0　将高度调整为 0
Refiner
宽度 700　总批次数 2
高度 1000　单批数量 1
提示词引导系数 (CFG Scale) 7

图 5-46

11 设置完成后，绘制的图像结果如图5-47所示，可以看到这些图像的效果基本符合之前所输入的提示词规定的效果，且角色形象的肢体动作与骨骼图的姿势一致。

图 5-47

12 读者可以尝试多次绘制图像，本例最终绘制的图像结果如图5-48所示。

图 5-48

5.3.2 安装OpenPose编辑器

OpenPose编辑器是可以安装在Stable Diffusion中的插件。在“扩展”选项卡下的“可下载”选项卡中，单击“加载扩展列表”按钮，如图5-49所示，即可看到可安装在Stable Diffusion中的扩展列表，如图5-50所示。

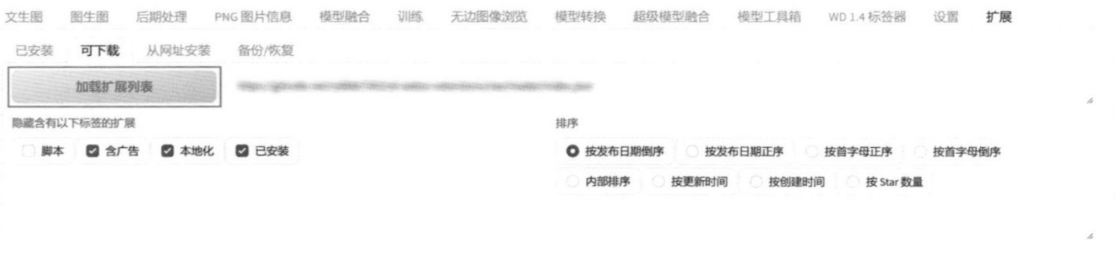

文生图 图生图 后期处理 PNG 图片信息 模型融合 训练 无边图像浏览 模型转换 超级模型融合 模型工具箱 WD 1.4 标签器 设置 扩展

已安装 可下载 从网址安装 备份/恢复

加载扩展列表

隐藏含有以下标签的扩展

脚本 含广告 本地化 已安装

排序

按发布日期倒序 按发布日期正序 按首字母正序 按首字母倒序

内部排序 按更新时间 按创建时间 按 Star 数量

图 5-49

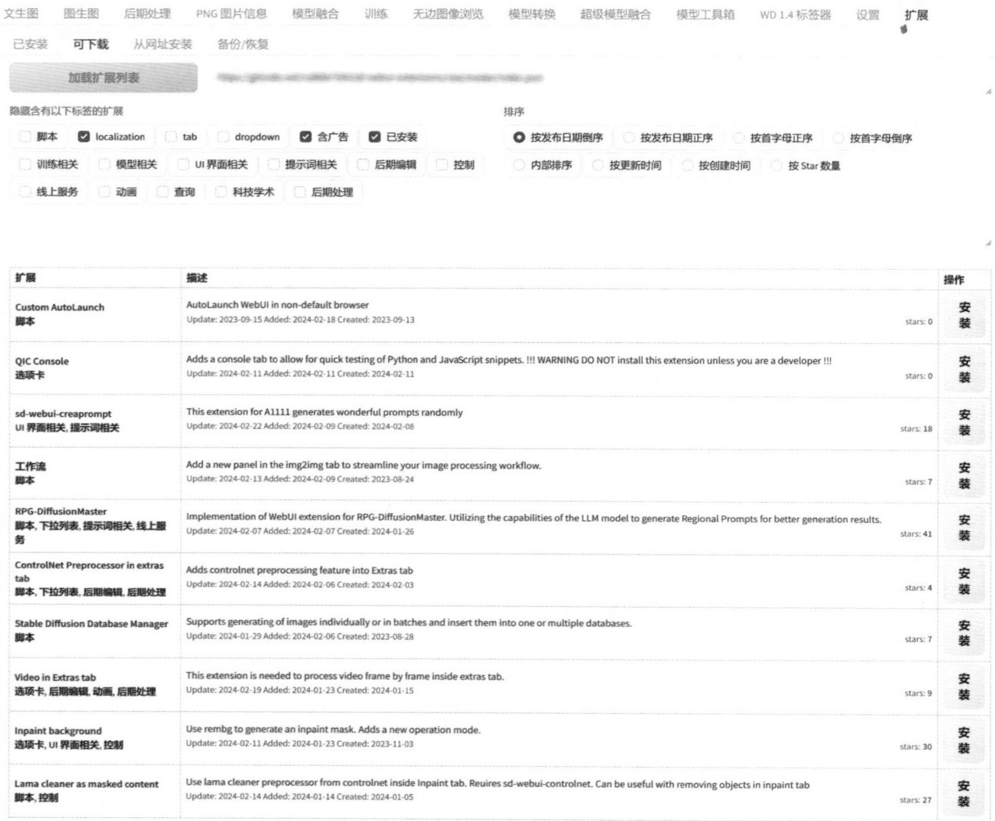

文生图 图生图 后期处理 PNG 图片信息 模型融合 训练 无边图像浏览 模型转换 超级模型融合 模型工具箱 WD 1.4 标签器 设置 扩展

已安装 可下载 从网址安装 备份/恢复

加载扩展列表

隐藏含有以下标签的扩展

脚本 localization tab dropdown 含广告 已安装

训练相关 模型相关 UI 界面相关 提示词相关 后期编辑 控制

线上服务 动画 查询 科技学术 后期处理

排序

按发布日期倒序 按发布日期正序 按首字母正序 按首字母倒序

内部排序 按更新时间 按创建时间 按 Star 数量

扩展	描述	操作
Custom AutoLaunch 脚本	AutoLaunch WebUI in non-default browser Update: 2023-09-15 Added: 2024-02-18 Created: 2023-09-13 stars: 0	安装
QIC Console 选项卡	Adds a console tab to allow for quick testing of Python and JavaScript snippets. !!! WARNING DO NOT install this extension unless you are a developer !!! Update: 2024-02-11 Added: 2024-02-11 Created: 2024-02-11 stars: 0	安装
sd-webui-creaprompt UI 界面相关, 提示词相关	This extension for A1111 generates wonderful prompts randomly Update: 2024-02-22 Added: 2024-02-09 Created: 2024-02-08 stars: 18	安装
工作流 脚本	Add a new panel in the img2img tab to streamline your image processing workflow. Update: 2024-02-13 Added: 2024-02-09 Created: 2023-08-24 stars: 7	安装
RPG-DiffusionMaster 脚本, 下拉列表, 提示词相关, 线上服务	Implementation of WebUI extension for RPG-DiffusionMaster. Utilizing the capabilities of the LLM model to generate Regional Prompts for better generation results. Update: 2024-02-07 Added: 2024-02-07 Created: 2024-01-26 stars: 41	安装
ControlNet Preprocessor in extras tab 脚本, 下拉列表, 后期编辑, 后期处理	Adds controlnet preprocessing feature into Extras tab Update: 2024-02-14 Added: 2024-02-06 Created: 2024-02-03 stars: 4	安装
Stable Diffusion Database Manager 脚本	Supports generating of images individually or in batches and insert them into one or multiple databases. Update: 2024-01-29 Added: 2024-02-06 Created: 2023-08-28 stars: 7	安装
Video in Extras tab 选项卡, 后期编辑, 动画, 后期处理	This extension is needed to process video frame by frame inside extras tab. Update: 2024-02-19 Added: 2024-01-23 Created: 2024-01-15 stars: 9	安装
Inpaint background 选项卡, UI 界面相关, 控制	Use rembg to generate an inpaint mask. Adds a new operation mode. Update: 2024-02-11 Added: 2024-01-23 Created: 2023-11-03 stars: 30	安装
Lama cleaner as masked content 脚本, 控制	Use lama cleaner preprocessor from controlnet inside Inpaint tab. Reuires sd-webui-controlnet. Can be useful with removing objects in inpaint tab Update: 2024-02-14 Added: 2024-01-14 Created: 2024-01-05 stars: 27	安装

图 5-50

搜索“openpose”，即可看到要安装的插件对应的扩展——OpenPose编辑器选项卡，单击其右侧的“安装”按钮，如图5-51所示，即可开始安装该扩展。

图5-51

安装完成后，单击“重载UI”，如图5-52所示，即可看到安装好的“OpenPose编辑器”插件以选项卡的方式出现在Stable Diffusion页面上，如图5-53所示。

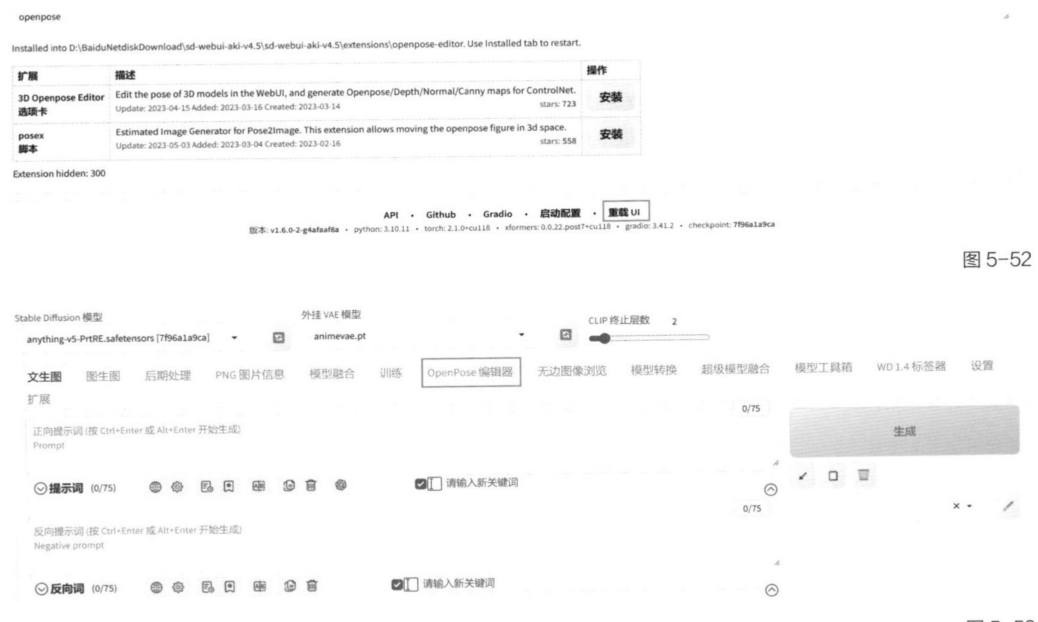

图5-52

图5-53

5.3.3 “OpenPose编辑器”选项卡

“OpenPose编辑器”选项卡用来调整画面中角色形象的骨骼姿势，其参数设置如图5-54所示。调整完成骨骼的姿势后，单击“发送到 文生图”或“发送到 图生图”按钮，该骨骼图会自动出现在“ControlNet v1.1.419”卷展栏中，如图5-55所示。

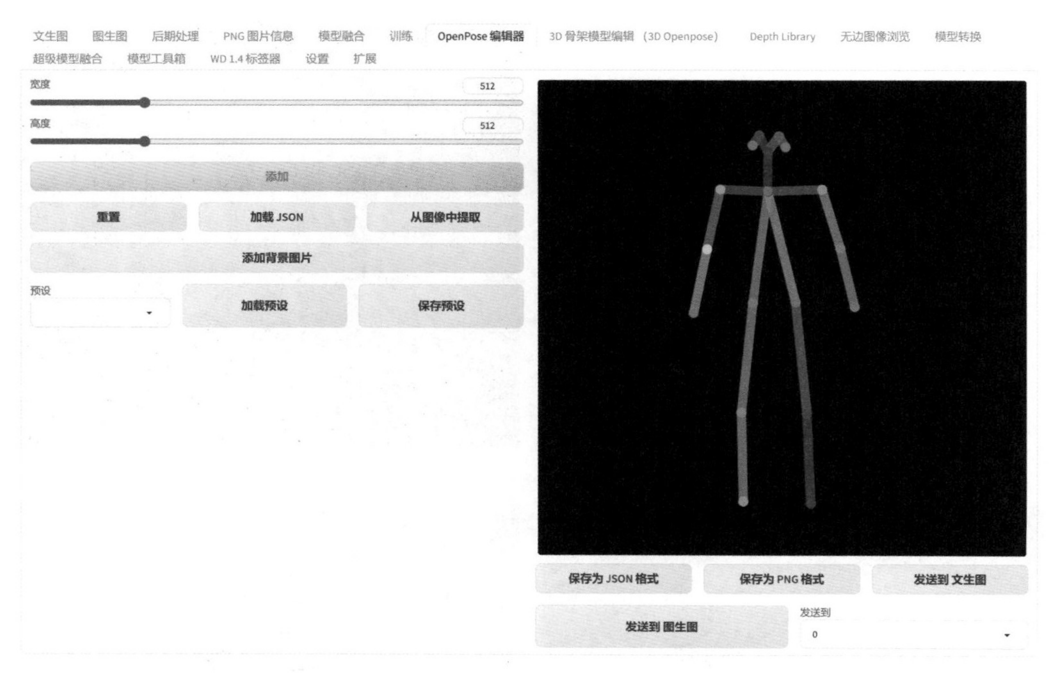

图 5-54

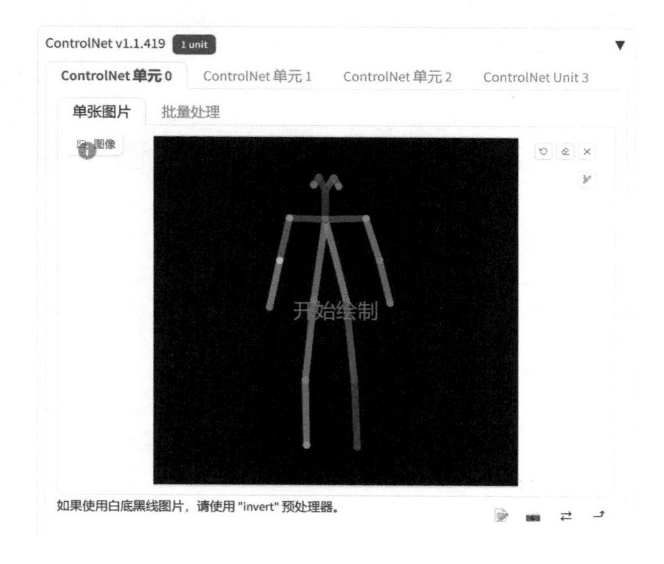

图 5-55

工具解析

- **宽度：**用于设置骨骼图的宽度。
- **高度：**用于设置骨骼图的高度。
- **"添加"按钮：**单击该按钮可以在图中添加一套新的骨骼，单击两次该按钮的效果如图5-56所示。

- **“重置”按钮：** 单击该按钮可以清除图中所有的骨骼。
- **“加载JSON”按钮：** 用于加载JSON（JavaScript Object Notation，JS对象简谱）文件。
- **“从图像中提取”按钮：** 单击该按钮可以浏览本地硬盘中的图像，并根据图像中的角色形象生成骨骼图，如图5-57和图5-58所示。

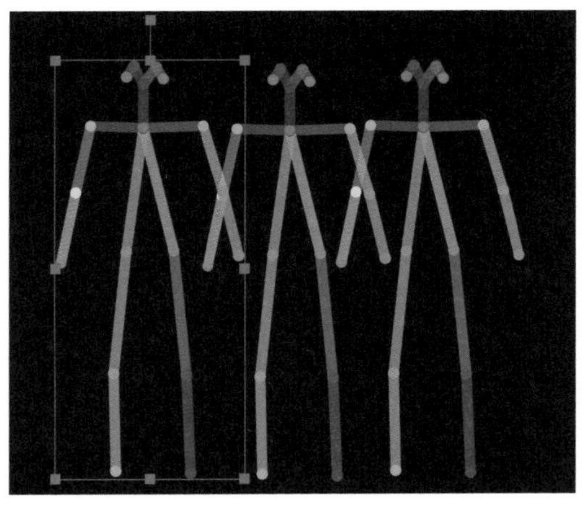

图 5-56

图 5-57

图 5-58

- **“添加背景图片”按钮：** 单击该按钮可以添加一张背景图片。
- **“保存为 JSON格式”按钮：** 用于将骨骼图保存为JSON格式的文件。
- **“保存为 PNG格式”按钮：** 用于将骨骼图保存为PNG（Portable Network Graphic，可移植的网络图像）格式的文件。
- **“发送到 文生图”按钮：** 用于将骨骼图发送至文生图下方的“ControlNet v1.1.419”卷展栏中。
- **“发送到 图生图”按钮：** 用于将骨骼图发送至图生图下方的“ControlNet v1.1.419”卷展栏中。

5.4 ADetailer应用

5.4.1 课堂案例：使用ADetailer修复角色形象细节

效果位置	效果文件 > 第 5 章 >5.4.1.png
素材位置	素材 > 待修复图片.png
视频位置	视频文件 > 第 5 章 > 使用 ADetailer 修复角色形象细节.mp4

本例为读者讲解修复多个角色形象面部及身体的方法。图5-59所示为本例使用的原图及修复角色形象面部与身体后的图像结果。

图 5-59

技巧与提示

一般情况下，使用Stable Diffusion可以直接绘制出细节丰富的角色形象面部效果，但是启用了ADetailer功能后，角色形象的面部通常会显得更加自然。读者放大启用ADetailer功能前后的两张图像并仔细对比，会发现两张图像中，角色形象的面部的区别主要表现在眼睛、嘴唇及牙齿部位。

01 在“模型”选项卡中，单击“RealCartoon3D”，如图5-60所示，将其设置为“Stable Diffusion模型”。

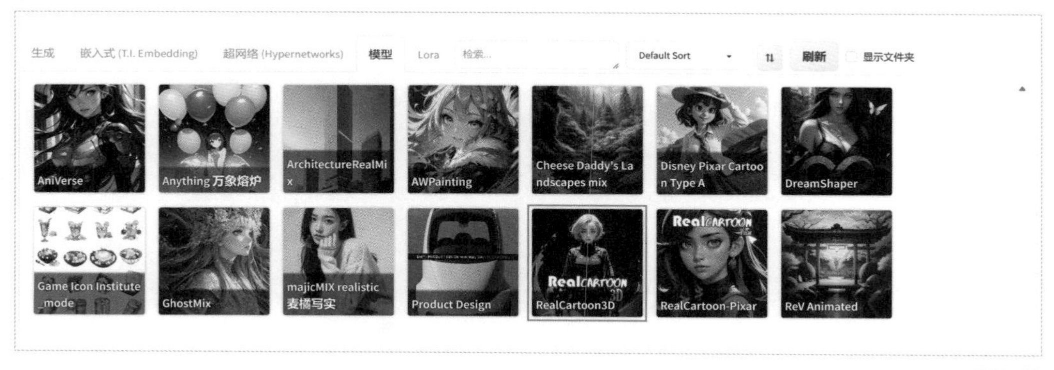

图 5-60

02 在“生成”选项卡的“图生图”选项卡中，上传“待修复图片.png”文件，如图5-61所示。

03 设置“外挂VAE模型”为None，在“图生图”选项卡中输入正向提示词“2女孩，微笑，黑色头发，马尾辫，白色衬衣，格子裙子，在街道上，阳光”，按Enter键生成对应的英文正向提示词“2girls,smile,black hair,ponytail,white shirt,checkered skirt,on the street,suneate,”，如图5-62所示。

图 5-61

图 5-62

04 在“嵌入式（T.I.Embedding）”选项卡中，单击“badhandv4”，如图5-63所示，将其添加至“反向词”文本框中，如图5-64所示。

图 5-63

图 5-64

05 在“反向词”文本框内输入“正常质量，最差质量，低质量，低分辨率”，按Enter键将其翻译为英文“normal quality,worst quality,low quality,lowres,”，并提高这些反向提示词的权重，如图5-65所示。

图 5-65

06 设置“迭代步数（Steps）”为30，“宽度”为1400，“高度”为2000，“总批次数”为1，“重绘幅度”为0.5，如图5-66所示。

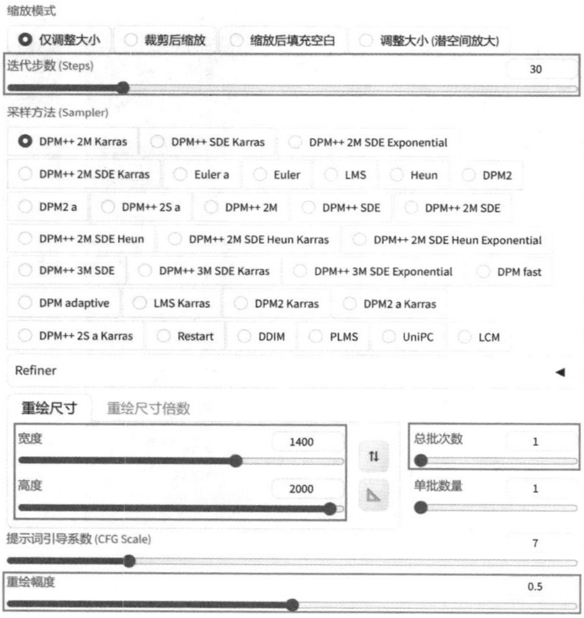

图 5-66

07 在“ADetailer”卷展栏中，勾选“启用After Detailer”，在“单元1”选项卡中，设置“After Detailer模型”为face_yolov8s.pt，如图5-67所示。在“单元2”选项卡中，设置“After Detailer模型”为person_yolov8s-seg.pt，如图5-68所示。

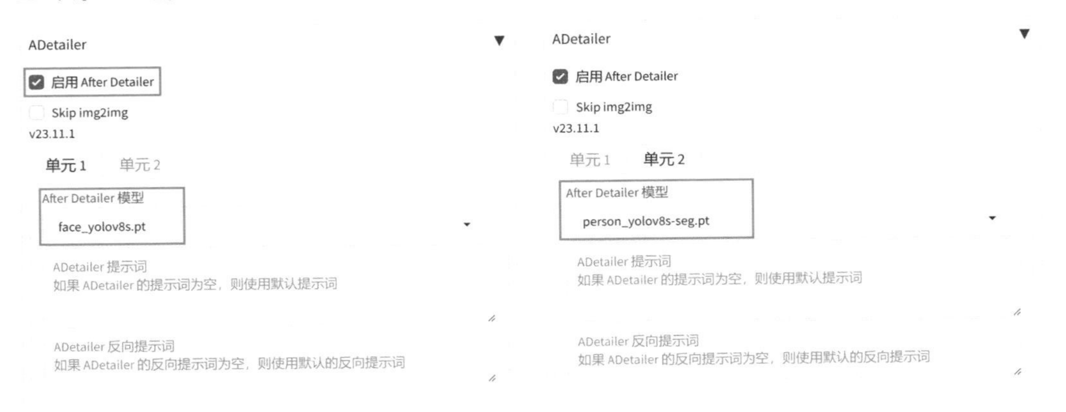

图 5-67

图 5-68

08 设置完成后，重绘图像，可以看到在计算的过程中，被识别到的角色形象面部有2个，被识别到的角色形象身体有13个，如图5-69和图5-70所示。最终绘制的图像结果如图5-71所示。

图 5-69

图 5-70

2girls,smile,black hair,ponytail,white shirt,checkered skirt,on the street,suneate,
Negative prompt: badhandv4,(normal quality:2),(worst quality:2),(low quality:2),(lowres:2),
Steps: 30, Sampler: DPM++ 2M Karras, CFG scale: 7, Seed: 3301298164, Size: 1400x2000, Model hash: 80d1c3064a, Model: RealCartoon3D, Denoising strength: 0.5, Clip skip: 2, ADetailer model: face_yolov8s.pt, ADetailer confidence: 0.3, ADetailer dilate erode: 4, ADetailer mask blur: 4, ADetailer denoising strength: 0.4, ADetailer inpaint only masked: True, ADetailer inpaint padding: 32, ADetailer model 2nd: person_yolov8s-seg.pt, ADetailer confidence 2nd: 0.3, ADetailer dilate erode 2nd: 4, ADetailer mask blur 2nd: 4, ADetailer denoising strength 2nd: 0.4, ADetailer inpaint only masked 2nd: True, ADetailer inpaint padding 2nd: 32, ADetailer version: 23.11.1, TI hashes: "badhandv4: 5e40d722fc3d", Version: v1.6.0-2-g4afaaf8a
用时:6 min. 16.5 sec.
A: 8.36 GB, R: 11.28 GB, Sys: 12.0/11.9941 GB (100.0%)

图 5-71

09 仔细对比前后两张图像中角色形象的面部、身体和远处行人的体型，如图5-72～图5-76所示。仔细观察这5组图像，不难看出第1组和第2组图像中重绘图像的角色形象的眼睛、嘴唇及牙齿部分比之前图像的美观了许多；第3组和第4组图像中角色形象的手部有了明显改善；第5组图像中远处行人的体型也变得较为准确了。本例最终绘制完成后的图像效果如图5-77所示。

图 5-72

图 5-73

图 5-74

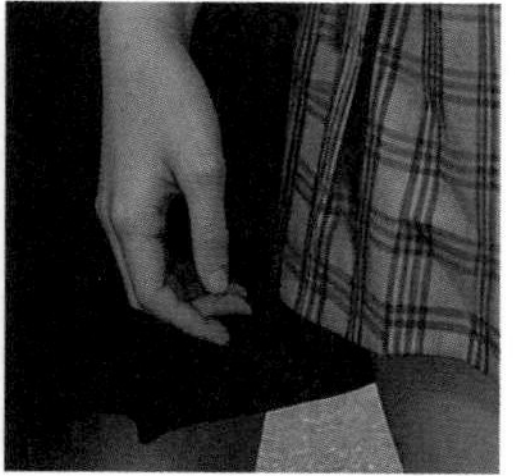

图 5-75

图 5-76

> 技巧与提示
>
> 读者可以在绘制角色形象类图像时，直接启用ADetailer功能，得到较好的角色形象面部效果。
> 此外，使用AI绘画软件修复图像也具有较强的随机性，读者可以多次尝试修复图像，最终择优使用。

图 5-77

5.4.2 After Detailer模型

展开“ADetailer”卷展栏，可以看到其下方包括两个选项卡，如图5-78所示。这两个选项卡允许用户在不同的单元里使用不同的After Detailer模型对图像中的角色形象进行修复。After Detailer模型主要分为3类，分别用于修复角色形象的面部、手部及身体，如图5-79所示。

图 5-78　　图 5-79

工具解析

- **face_yolov8n.pt：**为较小的模型，用于对卡通或写实图像中的角色形象的面部细节进行修复。
- **face_yolov8s.pt：**为较大的模型，用于对卡通或写实图像中的角色形象的面部细节进行修复，相比face_yolov8n.pt，该模型的修复效果更准确。
- **hand_yolov8n.pt：**用于对图像中的角色形象的手部细节进行修复。

- **person_yolov8n-seg.pt：** 用于对图像中的角色形象的身体细节进行修复。
- **person_yolov8s-seg.pt：** 用于对图像中的角色形象的身体细节进行修复，相比person_yolov8n-seg.pt，该模型的修复效果更准确。
- **mediapipe_face_full：** 用于对写实图像中的全部角色形象的面部细节进行修复。
- **mediapipe_face_short：** 用于对写实图像中靠近相机的角色形象的面部细节进行修复。
- **mediapipe_face_mesh：** 用于对写实图像中的角色形象的面部细节进行网格修复。
- **mediapipe_face_mesh_eyes_only：** 用于对写实图像中的角色形象的面部的眼睛细节进行修复。

5.5 课后习题

5.5.1 使用ControlNet更改汽车的颜色

效果位置	效果文件 > 第 5 章 >5.5.1.png
素材位置	素材 > 红色汽车.png
视频位置	视频文件 > 第 5 章 > 使用 ControlNet 更改汽车的颜色.mp4

本习题详细讲解如何使用ControlNet更改画面中汽车的颜色。图5-80所示为本习题所使用的汽车原图及绘制的图像结果。

图 5-80

01 在“模型”选项卡中，单击“DreamShaper”，如图5-81所示，将其设置为“Stable Diffusion模型”。

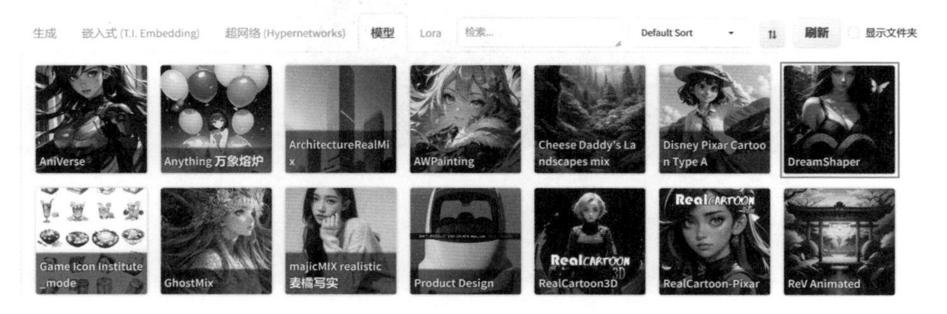

图 5-81

02 在“ControlNet v1.1.419”卷展栏中，添加“红色汽车.png”文件，勾选“启用”和“完美像素模式”复选框，设置“控制类型”为“Lineart（线稿）”，然后单击“Run preprocessor”按钮，如图5-82所示。

图 5-82

03 经过一段时间的计算，在“单张图片”选项卡中图片的右侧会显示计算得到的线稿图，如图5-83所示。

图 5-83

04 设置“外挂VAE模型”为None，在“文生图”选项卡中输入正向提示词“蓝色汽车，在公路上，蓝天，云，树”，按Enter键生成对应的英文正向提示词“blue car,on the road,blue_sky,cloud,tree,”，如图5-84所示。

图 5-84

05 在“反向词”文本框内输入“正常质量，最差质量，低质量，低分辨率”，按Enter键将其翻译为英文“normal quality,worst quality,low quality,lowres,”，并提高这些反向提示词的权重，如图5-85所示。

图 5-85

06 在“生成”选项卡中，设置“迭代步数（Steps）”为30，“高分迭代步数”为20，“放大倍数”为1.5，“宽度”为1000，“高度”为700，“总批次数”为1，如图5-86所示。

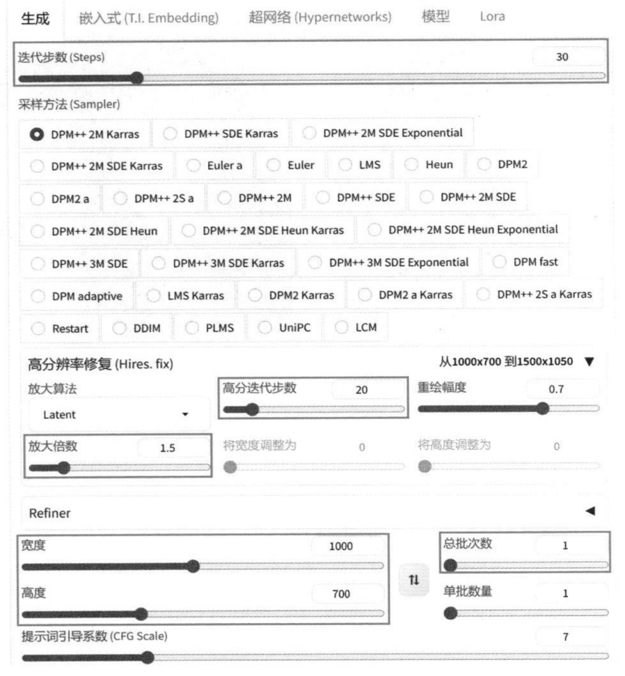

图 5-86

07 绘制图像，本习题最终绘制的图像结果如图5-87所示。

图 5-87

5.5.2 使用ControlNet修复老照片

效果位置	效果文件 > 第 5 章 >5.5.2.png
素材位置	素材 > 老照片.jpg
视频位置	视频文件 > 第 5 章 > 使用 ControlNet 修复老照片.mp4

许多人的家里都会有一些黑白色的老照片，老照片的拍摄年代久远，经常会产生发黄和表面划痕现象。对于这种老照片，是否可以借助AI绘画软件来修复呢？当然可以。本习题详细讲解如何使用ControlNet来为老照片上色及改善画质。图5-88所示为本习题所使用的原始照片及修复后的图像结果。

图 5-88

01 在“模型”选项卡中，单击“majicMIX realistic麦橘写实”，如图5-89所示，将其设置为“Stable Diffusion模型”。

02 在“ControlNet v1.1.419”卷展栏中，添加“老照片.jpg”文件，勾选“启用”和“完美像素模式”复选框，设置“控制类型”为“Recolor（重上色）”，如图5-90所示。

03 设置“外挂VAE模型”为None，在“文生图”选项卡中输入正向提示词“3女孩，黑色头发，灰色背景”，按Enter键生成对应的英文正向提示词“3girls,black hair,grey_background,”，如图5-91所示。

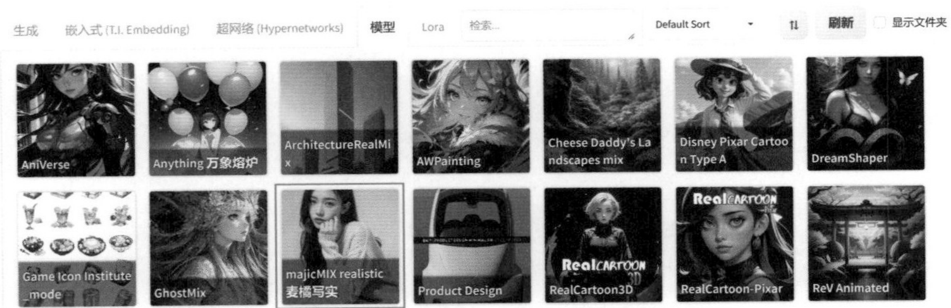

图 5-89

图 5-90

图 5-91

04 在“反向词”文本框内输入“正常质量，最差质量，低质量，低分辨率”，按Enter键将其翻译为英文“normal quality,worst quality,low quality,lowres,”，并提高这些反向提示词的权重，如图5-92所示。

图 5-92

05 在“生成”选项卡中，设置“迭代步数（Steps）”为30，“采样方法（Sampler）”为Euler a，如图5-93所示。

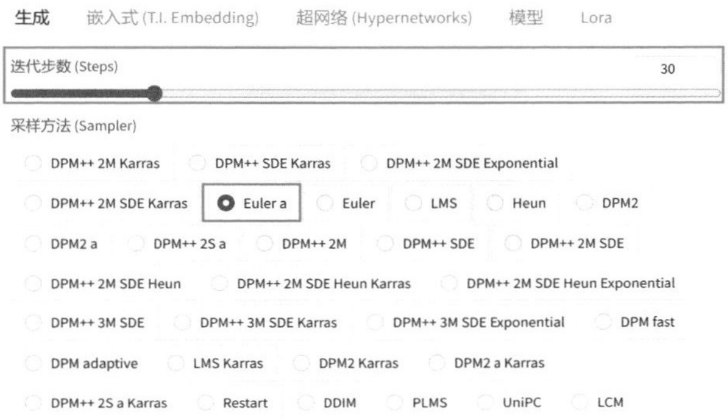

图 5-93

06 在“ControlNet v1.1.419”卷展栏中，单击“将当前图片尺寸信息发送到生成设置”按钮，如图5-94所示，即可自动更改“生成”选项卡中的“宽度”和“高度”值，如图5-95所示。

图 5-94

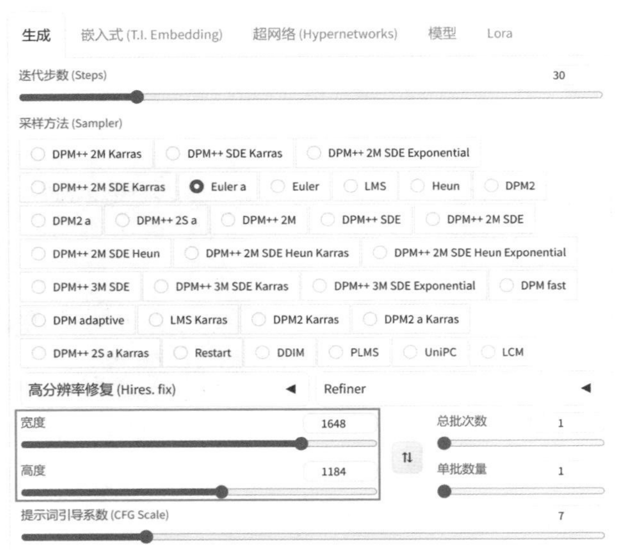

图 5-95

07 设置完成后，绘制的图像结果如图5-96所示。可以看出由AI绘图软件绘制的照片颜色较为自然，但是目前照片上的噪点还比较多。

图 5-96

08 在“后期处理”选项卡中，将刚刚绘制的照片上传至“单张图片”选项卡中，设置“缩放比例”为1，“放大算法1”为ScuNET，“放大算法2”为BSRGAN，“放大算法2强度”为0.3，“GFPGAN可见程度”为0.3，“CodeFormer可见程度”为0.05，“CodeFormer强度（0=效果最强，1=效果最弱）”为0，设置完成后，单击“生成”按钮，即可对照片进行画质改善处理，如图5-97所示。本习题最终修复完成后的照片效果如图5-98所示。

图 5-97

图 5-98

技巧与提示

如果读者想生成更高分辨率的图像，可以适当增加“缩放比例”值。

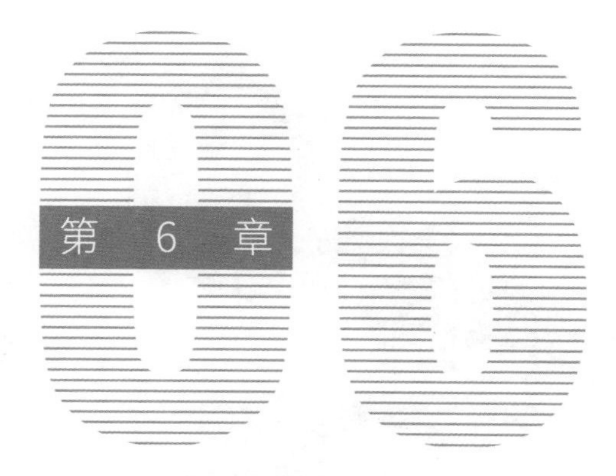

AI视频

本章导读

本章讲解如何在 Stable Diffusion 中使用 Deforum 插件生成AI视频。

学习要点

- 了解Deforum插件。
- 提示词语法。
- 设置关键帧。

6.1 AI视频概述

AI视频是指使用AI软件，以用户所提供的提示词、图片或视频为依据，通过重新绘制所生成的动画视频。本章将带领读者学习如何在Stable Diffusion中通过输入提示词来生成有趣的视频。图6-1所示为使用Stable Diffusion生成视频的序列静帧图像。

图6-1

6.2 Deforum应用

Deforum是安装在Stable Diffusion软件中的用于生成视频的插件，它具有安装方便、功能强大的特点，使用它生成的视频可以保存为视频文件，也可以保存为连续的序列静帧图像。

6.2.1 课堂案例：制作微笑的少女AI视频

效果位置	效果文件 > 第 6 章 >6.2.1.mp4
素材位置	无
视频位置	视频文件 > 第 6 章 > 制作微笑的少女AI视频.mp4

本例讲解如何使用Stable Diffusion中的“Deforum”选项卡来制作一个微笑的少女AI视频，使读者掌握Deforum的基本使用方法。图6-2所示为本例所生成视频的序列静帧画面。

01 在“模型”选项卡中，单击“majicMIX realistic麦橘写实”，如图6-3所示，将其设置为“Stable Diffusion模型”。

02 在“Deforum”选项卡中，设置“迭代步数”为35，“宽度”为800，“高度”为450，如图6-4所示。

图 6-2

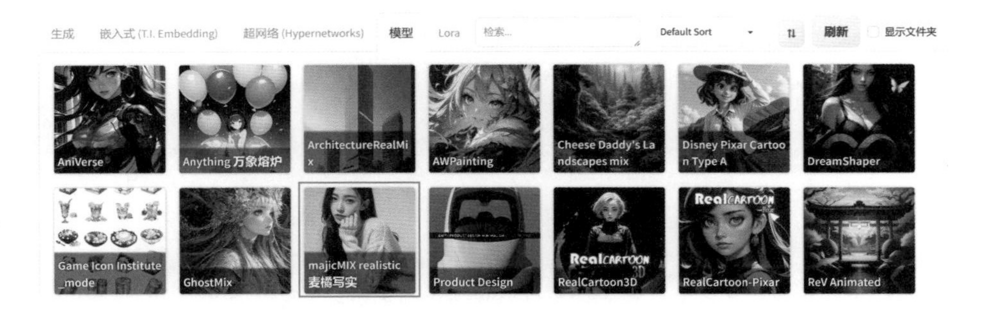
生成
嵌入式 (T.I. Embedding)
超网络 (Hypernetworks)
模型
Lora
检索...
Default Sort
刷新
显示文件夹
AniVerse
Anything 万象熔炉
ArchitectureRealMix
AWPainting
Cheese Daddy's Landscapes mix
Disney Pixar Cartoon Type A
DreamShaper
Game Icon Institute_mode
GhostMix
majicMIX realistic 麦橘写实
Product Design
RealCartoon3D
RealCartoon-Pixar
ReV Animated

图 6-3

文生图
图生图
后期处理
PNG 图片信息
模型融合
训练
Deforum
OpenPose 编辑器
3D 骨架模型编辑（3D Openpose）
Depth Library
无边图像浏览
模型转换
超级模型融合
模型工具箱
WD 1.4 标签器
设置
扩展
基本信息与帮助链接
显示更多信息
运行
关键帧
提示词
初始化
ControlNet
混合视频
输出
运动预览模式 (预演)
采样方法
Euler a
迭代步数
35
宽度
800
高度
450
随机数种子 (Seed)
-1
批次名称
Deforum_{timestring}
面部修复
平铺图 (Tiling)
启用 Ancestral 采样方法 ETA 调度
批处理模式，恢复和更多
生成完成后点这里显示视频
Deforum extension for auto1111 — version 3.0 | Git commit: df6a63d5
中止
生成
设置文件
deforum_settings.txt
保存设置
载入所有设置
载入视频设置

图 6-4

03 在“关键帧”选项卡中，设置“动画模式”为3D，“边界处理模式”为“覆盖”，“最大帧数”为90。在“运动”选项卡中，设置“平移Z”为0:(0)，如图6-5所示。

运行 关键帧 提示词 初始化 ControlNet 混合视频 输出

动画模式
动画控制模式，会在修改模式后自动隐藏不相关参数
2D 3D 视频输入 插值

边界处理模式
控制小于设定画布的图像的像素生成模式。鼠标指针悬停在选项上以查看更多信息
复制 覆盖

生成间隔 2
不会被直接扩散的中间帧的 # 数

最大帧数
达成此帧数后停止生成
90

引导图像

强度 CFG 随机数种子 (Seed) 第二种子 迭代步数 采样方法 模型

强度调度计划
前一帧影响下一帧的存在量，也控制下式中的步数：[steps - (strength_schedule * steps)]
0: (0.65)

运动 噪声(点) 一致性 模糊抑制 深度变形 & 视场角

平移 X
以每帧多少像素左/右移动画布
0: (0)

平移 Y
以每帧多少像素上/下移动画布
0: (0)

平移 Z
将画布靠近/远离镜头 [速度由视场角设置决定]
0: (0)

图6-5

04 设置“外挂VAE模型”为None，在“文生图”选项卡中输入正向提示词“1女孩，黑色头发，白色T恤，上半身，蓝天，云，街道”，按Enter键生成对应的英文正向提示词“1girl,black hair,white t-shirt,upper_body,blue_sky,cloud,street,”，如图6-6所示。

图6-6

05 在“提示词”选项卡中，将刚刚生成的英文正向提示词复制并粘贴至“正向提示词”文本框中，如图6-7所示。

图 6-7

06 在“反向词”文本框内输入“正常质量，最差质量，低质量，低分辨率”，按Enter键将其翻译为英文“normal quality,worst quality,low quality,lowres,”，并提高这些反向提示词的权重，如图6-8所示。

图 6-8

07 在“提示词”选项卡中，将刚刚生成的英文反向提示词复制并粘贴至“反向提示词”文本框中，如图6-9所示。

运行 关键帧 提示词 初始化 ControlNet 混合视频 输出

关于提示词模式的重要提示

提示词

JSON 格式的完整提示词列表, 左边的值是帧序号

{
"0": "tiny cute bunny, vibrant diffraction, highly detailed, intricate, ultra hd, sharp photo, crepuscular rays, in focus",
"30": "anthropomorphic clean cat, surrounded by fractals, epic angle and pose, symmetrical, 3d, depth of field",
"60": "a beautiful coconut --neg photo, realistic",
"90": "a beautiful durian, award winning photography"
}

正向提示词

1girl,black hair,white t-shirt,upper_body,blue_sky,cloud,street,

反向提示词

(normal quality:2),(worst quality:2),(low quality:2),(lowres:2),

蒙版组合调度计划

图 6-9

技巧与提示

我们需要使用“文生图”选项卡来帮助我们生成英文提示词。如果读者的英语水平较高，也可以直接在“提示词”选项卡中输入这些英文提示词。

08 在“文生图”选项卡中删除之前的英文正向提示词，重新输入正向提示词“长发”，按Enter键生成对应的英文正向提示词“long hair,”，如图6-10所示。

图 6-10

09 在“提示词”选项卡中，将刚刚生成的英文正向提示词复制并粘贴至“提示词”文本框中，如图6-11所示，使得在第0帧的位置，女孩的头发为长发效果。

图 6-11

10 在“文生图”选项卡中删除之前的英文正向提示词，重新输入正向提示词“短发，微笑”后，按Enter键生成对应的英文正向提示词“short hair,smile,”，如图6-12所示。

图 6-12

11 在“提示词”选项卡中，将刚刚生成的英文正向提示词复制并粘贴至“提示词”文本框中，然后删除上次和本次粘贴的英文正向提示词之间的提示词，如图6-13所示，使得在第90帧的位置，女孩的头发为短发效果并且女孩为微笑的表情。

运行 关键帧 提示词 初始化 ControlNet 混合视频 输出

关于提示词模式的重要提示

提示词

JSON 格式的完整提示词列表，左边的值是帧序号

```
{
  "0": "long hair,",
  "90": "short hair,smile,"
}
```

图 6-13

12 在“提示词”选项卡中，将90改为60，如图6-14所示，可以使得短发效果及微笑的表情在第60帧的位置出现。

运行 关键帧 提示词 初始化 ControlNet 混合视频 输出

关于提示词模式的重要提示

提示词

JSON 格式的完整提示词列表，左边的值是帧序号

```
{
  "0": "long hair,",
  "60": "short hair,smile,"
}
```

图 6-14

13 单击“生成”按钮，如图6-15所示，Stable Diffusion即可开始根据我们提供的提示词生成视频。

生成完成后点这里显示视频

Deforum extension for auto1111 — version 3.0 | Git commit: df6a63d5

中止 生成

设置文件

设置文件路径可以相对于 SD-WebUI 根目录，也可以是完整的绝对路径

deforum_settings.txt

保存设置 载入所有设置 载入视频设置

图 6-15

14 生成完成后，单击“生成完成后点这里显示视频”按钮，如图6-16所示，即可播放生成的视频，如图6-17所示。

生成完成后点这里显示视频

Deforum extension for auto1111 — version 3.0 | Git commit: df6a63d5

生成

图 6-16

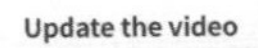

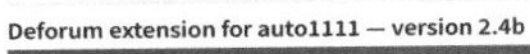

生成

图 6-17

技巧与提示

AI绘画的随机性使得AI视频具有较强的“瞬息万变”效果，这种效果如果使用其他动画软件制作，工作量巨大，而使用AI绘画软件来制作就比较方便了。

6.2.2 课堂案例：制作场景变换AI视频

效果位置	效果文件 > 第 6 章 >6.2.2.mp4
素材位置	素材 > 花园.png
视频位置	视频文件 > 第 6 章 > 制作场景变换 AI 视频.mp4

前面讲解了角色形象类AI视频的制作方法，下面讲解场景变换AI视频的制作方法。读者需注意，本例中还涉及如何定义AI视频的第一帧图像、如何控制镜头的运动效果，以及如何提高视频画面的分辨率。图6-18所示为本例所生成视频的序列静帧画面。

图 6-18

01 在“模型”选项卡中，单击“DreamShaper”，如图6-19所示，将其设置为“Stable Diffusion模型”。

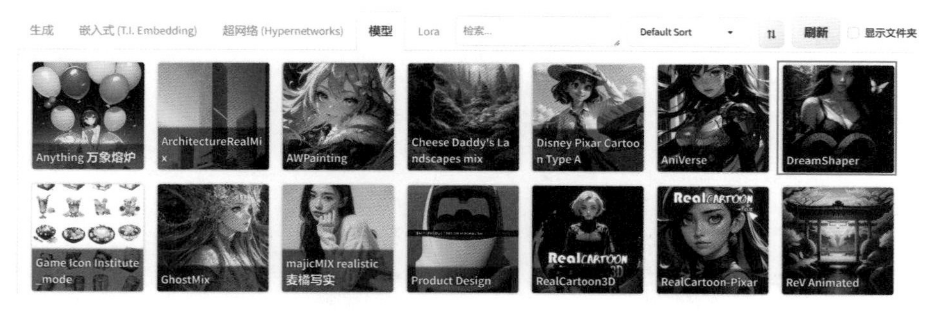

图 6-19

02 设置“外挂VAE模型”为None，在“文生图”选项卡中输入正向提示词“花园，树，多彩的花，蓝天，云”，按Enter键生成对应的英文正向提示词“garden,tree,colorful flowers,blue_sky,cloud,”，如图6-20所示。

图6-20

03 在“反向词”文本框内输入“正常质量，最差质量，低质量，低分辨率”，按Enter键将其翻译为英文“normal quality,worst quality,low quality,lowres,”，并提高这些反向提示词的权重，如图6-21所示。

图6-21

04 在“生成”选项卡中，设置“迭代步数（Steps）”为40，“宽度”为800，“高度”为450，“总批次数”为4，如图6-22所示。

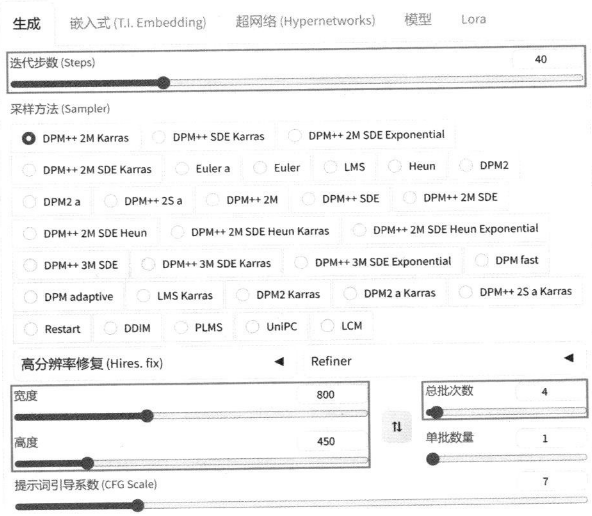

图6-22

05 设置完成后，绘制的图像结果如图6-23所示，可以看到这些图像的效果基本符合之前所输入的提示词规定的效果，我们可以选择其中一张满意的图像作为AI视频的第1帧画面。

图 6-23

06 在“提示词”选项卡中，将生成该画面的英文正向提示词复制并粘贴至“提示词”文本框中，如图6-24所示，使得在第0帧的位置，视频展现的场景为一个花园。

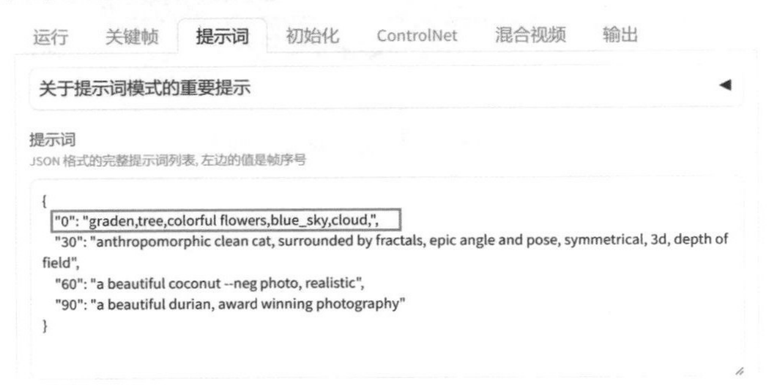
运行
关键帧
提示词
初始化
ControlNet
混合视频
输出
关于提示词模式的重要提示
提示词
JSON 格式的完整提示词列表，左边的值是帧序号
{
"0": "graden,tree,colorful flowers,blue_sky,cloud,",
"30": "anthropomorphic clean cat, surrounded by fractals, epic angle and pose, symmetrical, 3d, depth of field",
"60": "a beautiful coconut --neg photo, realistic",
"90": "a beautiful durian, award winning photography"
}

图 6-24

07 在“文生图”选项卡中删除之前的正向提示词，重新输入正向提示词“蒸汽火车，火车站，蓝天，云，没有人”后，按Enter键生成对应的英文正向提示词“steam train,train station,blue_sky,cloud,no_humans,”，如图6-25所示。

图6-25

08 设置完成后，绘制的图像结果如图6-26所示，可以看到这些图像的效果基本符合所输入的正向提示词规定的效果，这样我们就对视频里在花园场景后出现的火车场景效果有了一个大概的了解。

图6-26

09 在“提示词”选项卡中，将生成该画面的英文正向提示词复制并粘贴至“提示词”文本框中，如图6-27所示，使得在第60帧的位置，视频展现的场景为火车场景。

10 在“提示词”选项卡中，将“文生图”选项卡中的英文反向提示词复制并粘贴至“反向提示词”文本框中，如图6-28所示。

运行　关键帧　提示词　初始化　ControlNet　混合视频　输出

关于提示词模式的重要提示

提示词

JSON 格式的完整提示词列表，左边的值是帧序号

```
{
  "0": "graden,tree,colorful flowers,blue_sky,cloud,",
  "60": "steam train,train station,blue_sky,cloud,no_humans,"
}
```

图 6-27

运行　关键帧　提示词　初始化　ControlNet　混合视频　输出

关于提示词模式的重要提示

提示词

JSON 格式的完整提示词列表，左边的值是帧序号

```
{
  "0": "graden,tree,colorful flowers,blue_sky,cloud,",
  "60": "steam train,train station,blue_sky,cloud,no_humans,"
}
```

正向提示词

这里的提示词将被添加到所有正向提示词的开头

反向提示词

(worstquality:2),(lowres:2),(low quality:2),(normal quality:2),

蒙版组合调度计划

图 6-28

11 在“初始化”选项卡中，勾选“启用初始化”复选框，设置“强度”为1，并将之前生成的较为满意的花园图像上传至“初始化图像输入框”内，使其作为该视频的第1帧画面，如图6-29所示。

图 6-29

⑫ 在“运行”选项卡中，设置“迭代步数”为40，“宽度”为800，“高度”为450，如图6-30所示。

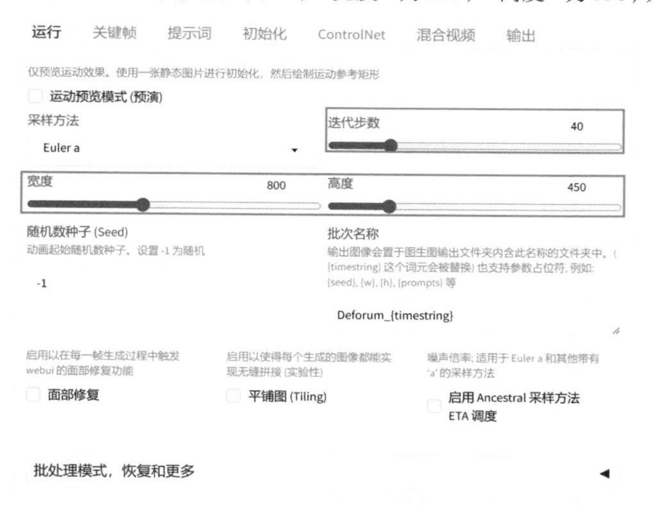

图 6-30

⑬ 在“关键帧”选项卡中，设置“动画模式”为3D，“边界处理模式”为“覆盖”，“最大帧数”为150，“强度调度计划”为0:(0.7)，如图6-31所示。

图 6-31

⑭ 在“运动”选项卡中，设置“平移Z”为0:(0)，“3D翻转Y”为0:(1)，如图6-32所示。

运动　噪声(点)　一致性　模糊抑制　深度变形 & 视场角

平移 X
以每帧多少像素左/右移动画布
0: (0)

平移 Y
以每帧多少像素上/下移动画布
0: (0)

平移 Z
将画布靠近/远离镜头 [速度由视场角设置决定]
0: (0)

3D 翻转 X
以每帧为单位向上/向下倾斜画布
0: (0)

3D 翻转 Y
以每帧为单位向左/向右偏移画布
0: (1)

3D 翻转 Z
顺时针/逆时针滚动画布
0: (0)

启用透视翻转

图 6-32

15 在“输出”选项卡中，勾选“图像放大”复选框，设置“放大倍数”为x2，如图6-33所示。

运行　关键帧　提示词　初始化　ControlNet　混合视频　输出

视频输出设置

帧率 15

添加音轨
从文件/链接或初始视频中提取音频以完成添加
无　文件　初始化视频

音轨路径
音频文件的绝对路径或 URL

启用时，仅保存图片
跳过视频生成

在视频完成后自动删除图像。会导致恢复制作动画过程选项失效！
删除图像

当视频完成时自动删除输入帧（包括 ControlNet 选项卡中的）
删除全部输入帧

额外保存动画深度图文件
保存 3D 深度图

除视频外额外制作 GIF
制作 GIF

运行结束后放大输出图像
图像放大

超分模型
realesr-animevideov3

放大倍数
x2

不删除放大前的图像
保留原图

帧插值　视频放大　视频转深度　帧图片转视频

重要信息与帮助

引擎
选择帧插值引擎。悬停鼠标指针在选项上查看更多信息
无　RIFE v4.6　FILM

图 6-33

16 单击“生成”按钮，如图6-34所示，Stable Diffusion即可开始根据我们所提供的提示词来生成AI视频。本例生成的AI视频效果如图6-35所示。

图6-34

图6-35

17 在绘世启动器主页面上，单击“图生图（单图）”按钮，如图6-36所示。

18 在弹出的img2img-images文件夹中，即可看到一个新的文件夹，其中包含MP4格式的视频及该视频的序列静帧画面，如图6-37所示。

图 6-36

图 6-37

6.2.3 Deforum安装

Deforum插件的安装过程较为简单，具体步骤如下。

01 在“扩展”选项卡中的“可下载”选项卡中，单击“加载扩展列表”按钮，如图6-38所示。

图 6-38

02 在搜索栏内输入“Deforum”，即可快速找到该插件对应的扩展，单击“安装”按钮，如图6-39所示，即可完成插件和相应扩展的安装。安装完成后，需要重新启动UI（User Interface，用户界面），然后可看到“Deforum”选项卡，如图6-40所示。

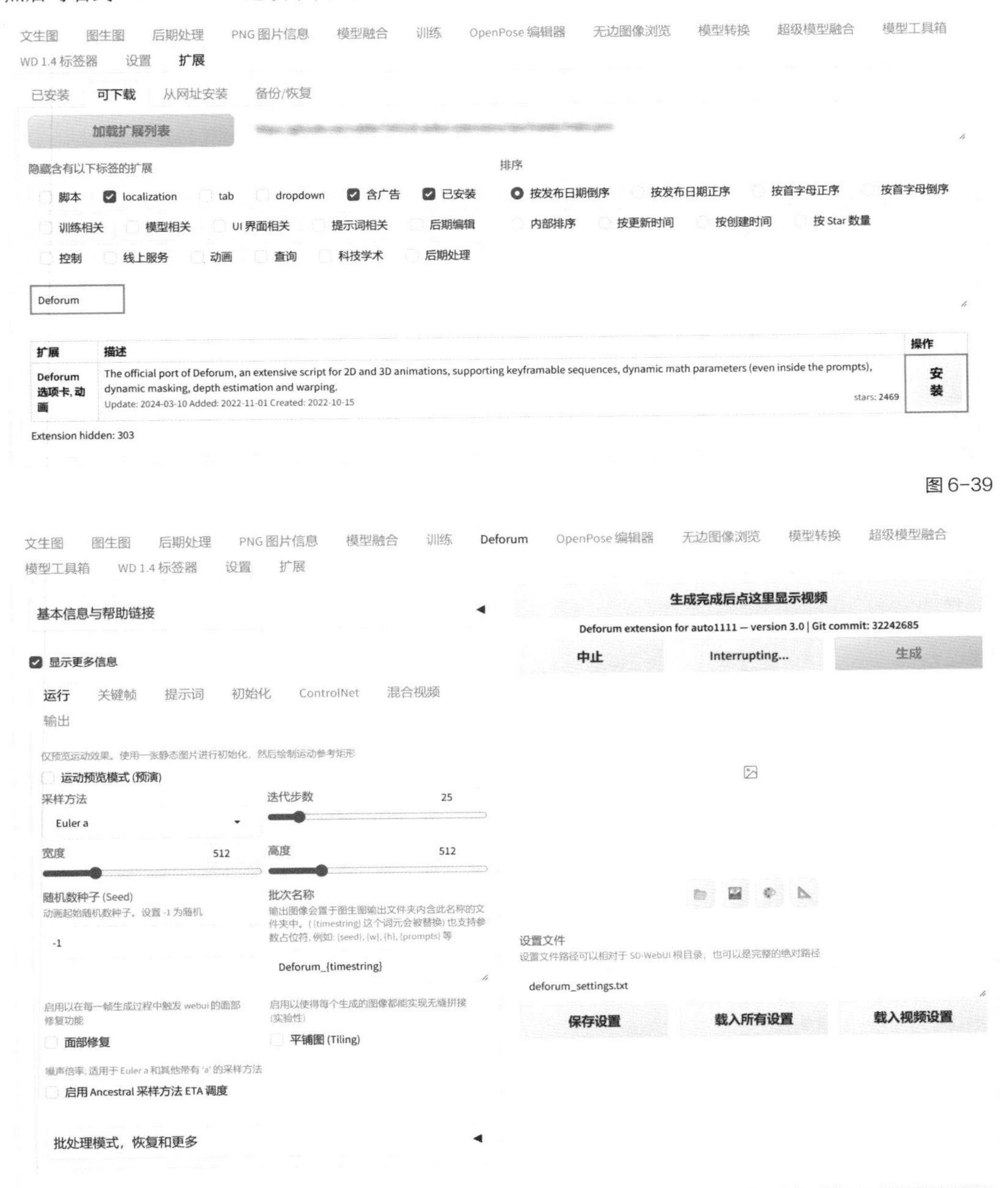

图6-39

图6-40

03 直接单击“生成”按钮，即可生成一段内容变化的视频，如图6-41所示。该视频的序列静帧画面如图6-42所示。

图 6-41

图 6-42

技巧与提示

由于AI绘画的随机性特点，读者不会得到与本例的视频一模一样的视频，但是会得到内容相近的视频效果。

6.2.4 Deforum参数解析

Deforum插件相比其他插件来说参数较多，但是官方为大多数的参数提供了说明，在“Deforum”选项卡中，展开“基本信息与帮助链接”卷展栏，即可看到该插件的基本信息，如图6-43所示。

文生图 图生图 后期处理 PNG 图片信息 模型融合 训练 Deforum Open
模型转换 超级模型融合 模型工具箱 WD 1.4 标签器 设置 扩展

基本信息与帮助链接 ▼

制作方 deforum.github.io, 该项目是为 AUTOMATIC1111's webui 提供的插件项目，项目维护者 Deforum LLC

点击此处获取帮助

- 本插件的源码仓库: 这里
- 加入 Deforum 官方 Discord 频道来分享你的创意和提出意见
- Deforum 官方 Wiki: 这里
- 很不错的、带有许多示例的动画指南 (由 FizzleDorf 制作) : 这里
- 对于想使用数学函数执行高级关键帧控制的用户，请参阅这里
- 或者, 使用 sd-parseq 作为定义动画参数表的UI (请参见初始化选项卡中的参数定序器部分)
- framesync.xyz 也是一个很好的选择，它可以通过选择各种波形来为 Deforum 关键帧生成严谨的数学公式
- 另一方面，允许关键帧使用交互式样条曲线和贝赛尔曲线 (选择 Disco 输出格式)
- 如果你的宽 / 高参数不是 64 的倍数，请设置 噪声_类型 选项为 'Uniform', 该选项在关键帧 --> 噪声选项卡内

如果你喜欢本插件，请在 GitHub 上给一个大大的 Star 来支持我们! 😊

图 6-43

勾选“显示更多信息”复选框，则可显示出对该插件中大部分参数的解析，如图6-44所示。如果取消勾选该复选框，则会隐藏这些对参数的解析，显示出更加简洁的参数面板，如图6-45所示。

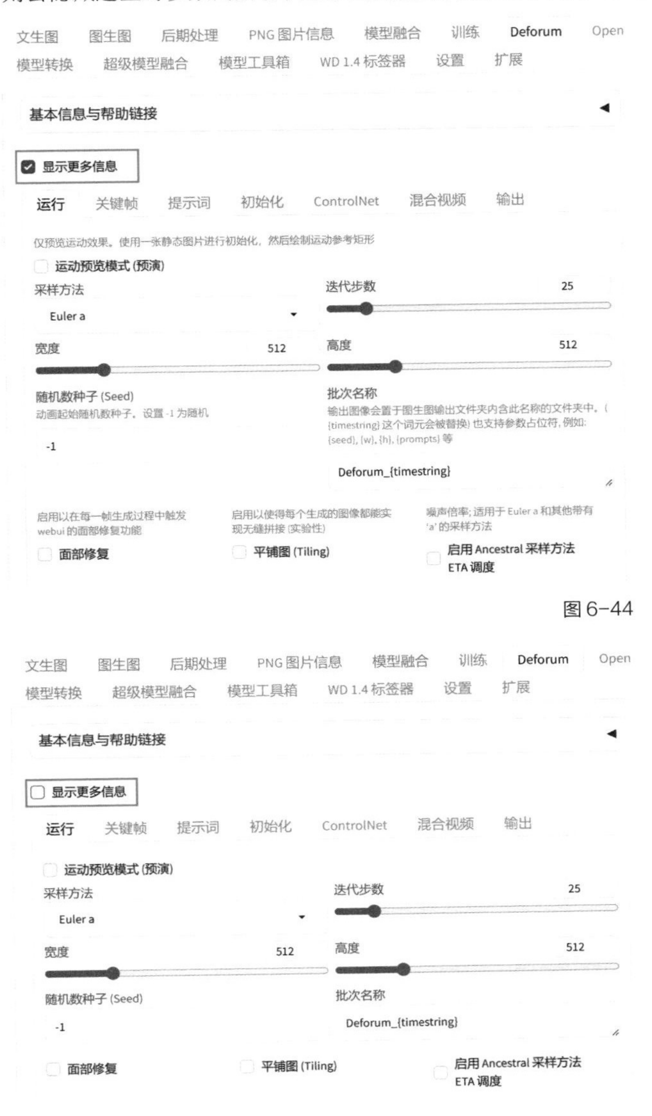

图 6-44

图 6-45

技巧与提示

由于Deforum插件中的大部分参数的上方或下方均有对该参数的解释说明，故不重复讲解，读者在设置参数前，应仔细阅读这些解释说明。

6.3 课后习题

6.3.1 将拍摄的视频进行重绘

效果位置	效果文件 > 第 6 章 >6.3.1.mp4
素材位置	素材 >girl.mp4
视频位置	视频文件 > 第 6 章 > 将拍摄的视频进行重绘.mp4

本习题讲解如何使用Stable Diffusion中的“Deforum”选项卡对拍摄的视频进行重绘以改变画面的风格。图6-46所示为本习题所使用的视频画面及重绘后的效果。

图 6-46

01 在“模型”选项卡中，单击“填色大师Coloring_master_anime”，如图6-47所示，将其设置为“Stable Diffusion模型”。

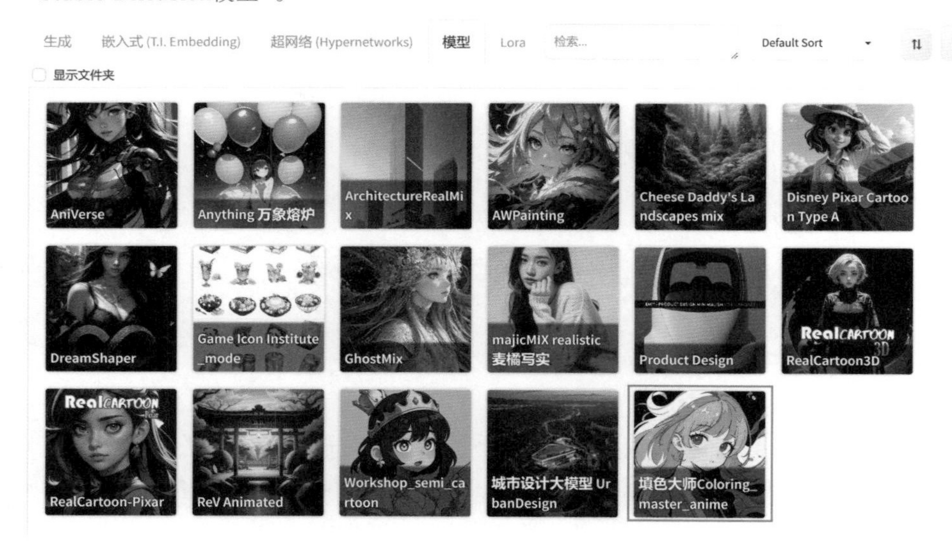

图 6-47

02 在“关键帧”选项卡中，设置“动画模式”为“视频输入”，“边界处理模式”为“覆盖”，“强度调度计划”为0: (0.7)，如图6-48所示。

图6-48

03 在“随机数种子（Seed）”选项卡中，设置“种子行为”为固定，如图6-49所示。

图6-49

04 在“初始化”选项卡中，设置“视频初始化路径/链接”为girl.mp4，如图6-50所示。

05 在“ControlNet”选项卡下的“CN Model 1”选项卡中，勾选“启用”和“完美像素模式”复选框，设置“预处理器”为openpose_full，“模型”为control_v11p_sd15_openpose，“ControlNet输入 视频/图像 的路径”为girl.mp4，“控制模式”为“更偏向ControlNet”，如图6-51所示。

技巧与提示

读者可以将视频文件放到Stable Diffusion软件的根目录下，这样可使视频文件被Deforum识别。

显示更多信息

运行 关键帧 提示词 初始化 ControlNet 混合视频

输出

图像初始化 视频初始化 蒙版初始化

参数定序器 (parameter sequencer)

视频初始化路径/链接

girl.mp4

提取开始帧 提取结束帧 每 N 帧提取一次

0 -1 1

覆盖已有帧 使用视频蒙版

视频蒙版路径

图 6-50

运行 关键帧 提示词 初始化 ControlNet 混合视频

输出

需要安装 ControlNet 插件

如果 Deforum 由于 ControlNet 版本更新而崩溃，请前往这里反馈遇到的问题

CN Model 1 CN Model 2 CN Model 3 CN Model 4

CN Model 5

启用 完美像素模式

低显存模式 覆盖输入帧

预处理器 模型

openpose_full control_v11p_sd15_openpos

权重调度计划

0:(1)

引导介入时机调度计划

0:(0.0)

结束引导时机调度计划

0:(1.0)

ControlNet 输入 视频/图像 的路径

girl.mp4

ControlNet 蒙版 视频/图像 的路径 (*暂时不可用, 保留在 UI 中方便 ControlNet 的开发测试*)

控制模式

均衡 更偏向提示词 更偏向 ControlNet

缩放模式

贴合外边 (收缩以贴合) 贴合内边 (放大以贴合) 仅调整大小

回送模式

图 6-51

06 在“CN Model 2”选项卡中，勾选“启用”和“完美像素模式”复选框，设置“预处理器”为lineart_anime，“模型”为control_v11p_sd15_lineart，“权重调度计划”为0: (0.6)，“ControlNet输入 视频/图像 的路径”为girl.mp4，如图6-52所示。

运行 关键帧 提示词 初始化 ControlNet 混合视频
输出

需要安装 ControlNet 插件
如果 Deforum 由于 ControlNet 版本更新而崩溃，请前往这里反馈遇到的问题

CN Model 1 CN Model 2 CN Model 3 CN Model 4
CN Model 5

启用 完美像素模式
低显存模式 覆盖输入帧

预处理器 模型
lineart_anime control_v11p_sd15_lineart

权重调度计划
0:(0.6)

引导介入时机调度计划
0:(0.0)

结束引导时机调度计划
0:(1.0)

ControlNet 输入 视频/图像 的路径
girl.mp4

ControlNet 蒙版 视频/图像 的路径 (*暂时不可用, 保留在 UI 中方便 ControlNet 的开发测试*)

控制模式
均衡 更偏向提示词 更偏向 ControlNet

缩放模式
贴合外边 (收缩以贴合) 贴合内边 (放大以贴合) 仅调整大小

回送模式

图 6-52

07 在“文生图”选项卡中输入正向提示词“1女孩，蝴蝶结，黑色头发，蓝色连衣裙，微笑”后，按Enter键生成对应的英文正向提示词“1girl,ribbon-trimmed_bow,black hair,blue_dress,smile,”，如图6-53所示。

图 6-53

08 在“提示词”选项卡中，将英文正向提示词复制并粘贴至“提示词”文本框中，如图6-54所示，用于控制生成视频的画面。

图 6-54

09 在“反向词”文本框内输入“正常质量，最差质量，低质量，低分辨率”，按Enter键将其翻译为英文“normal quality,worst quality,low quality,lowres,”，并提高这些反向提示词的权重，如图6-55所示。

图 6-55

10 在“提示词”选项卡中，将“文生图”选项卡中的英文反向提示词复制并粘贴至“反向提示词”文本框中，如图6-56所示。

图 6-56

11 在“运行”选项卡中，设置“迭代步数”为30，“宽度”为800，“高度”为450，如图6-57所示。

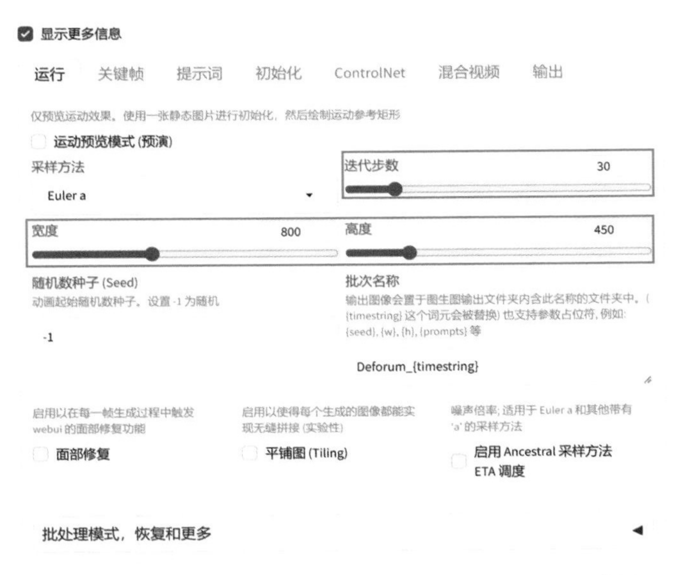

图6-57

12 单击“生成”按钮，如图6-58所示，Stable Diffusion即可开始根据我们提供的提示词生成视频。本习题生成的视频效果如图6-59所示。

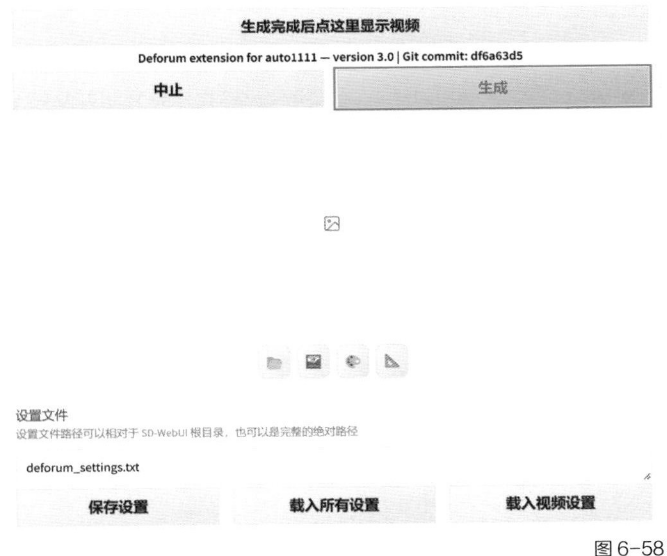

图6-58

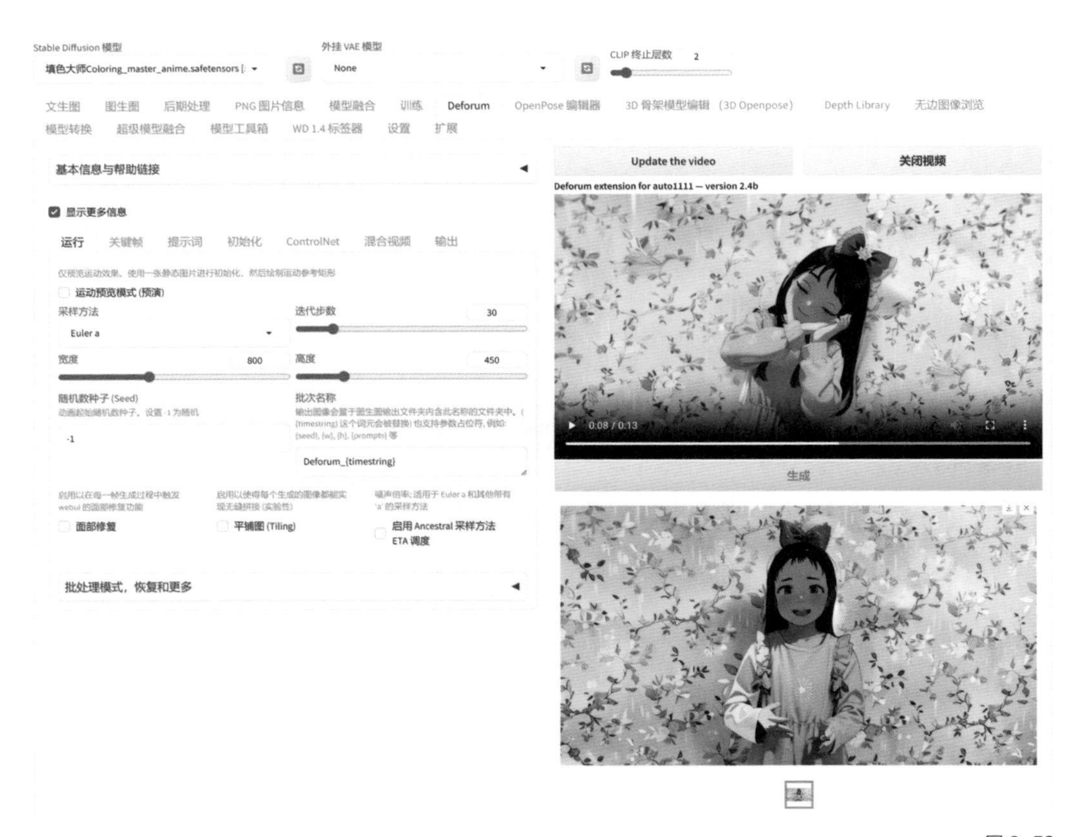

图 6-59

6.3.2 使用SadTalker制作口型AI视频

效果位置	效果文件 > 第 6 章 >6.3.2.mp4
素材位置	素材 > 微笑的女孩.png
视频位置	视频文件 > 第 6 章 > 使用 SadTalker 制作口型 AI 视频.mp4

本习题讲解如何使用Stable Diffusion中的“SadTalker”选项卡对我们绘制的AI虚拟角色制作口型动画。图6-60所示为本习题所使用的AI角色图像及制作完成的动画效果。

图 6-60

01 在“SadTalker”选项卡中，上传“微笑的女孩.png”文件，同时再上传一个音频文件，如图6-61所示。

图 6-61

> **技巧与提示**
>
> 本习题所使用的音频文件为SadTalker插件自带的素材，读者可以在根目录下extensions>SadTalker>examples>driven_audio文件夹内找到该素材。

02 单击“生成”按钮，即可得到角色形象的口型视频，如图6-62所示。可以看到原图被自动进行了裁剪处理。

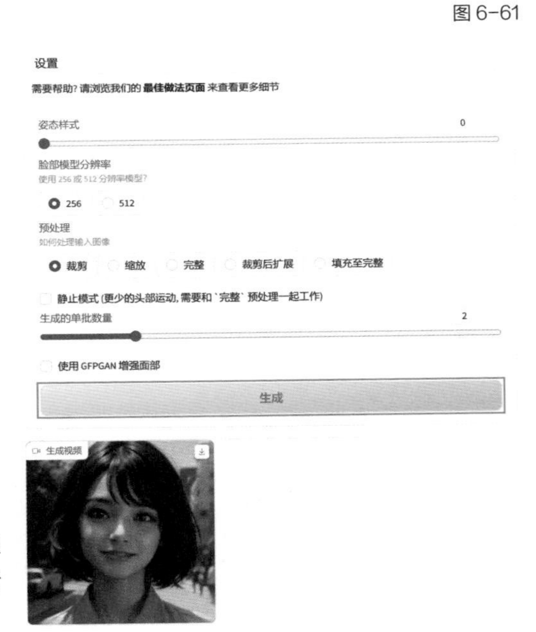

图 6-62

03 勾选“使用GFPGAN增强面部”复选框，再次单击“生成”按钮，如图6-63所示。

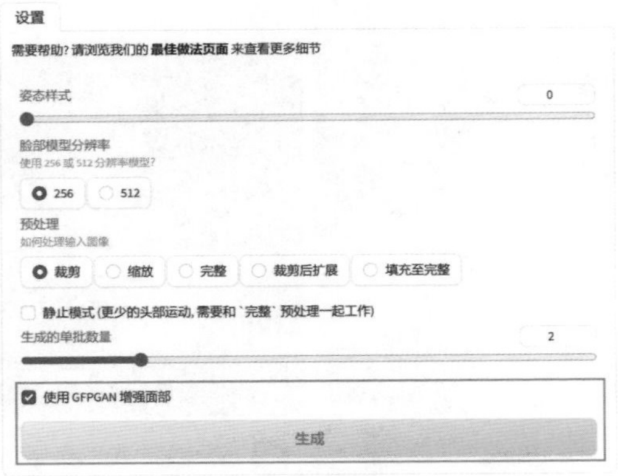

设置

需要帮助? 请浏览我们的 **最佳做法页面** 来查看更多细节

姿态样式 0

脸部模型分辨率

使用 256 或 512 分辨率模型?

256 512

预处理

如何处理输入图像

裁剪 缩放 完整 裁剪后扩展 填充至完整

静止模式 (更少的头部运动, 需要和 `完整` 预处理一起工作)

生成的单批数量 2

使用 GFPGAN 增强面部

生成

图 6-63

04 对比之前生成的视频，可以看到现在生成的视频中角色形象的面容质量有一定的提升，画面更加清晰了，如图6-64所示。

图 6-64

05 在“设置”选项卡中，设置“脸部模型分辨率”为512，“预处理”为“填充至完整”，如图6-65所示。

设置

需要帮助? 请浏览我们的 **最佳做法页面** 来查看更多细节

姿态样式 0

脸部模型分辨率

使用 256 或 512 分辨率模型?

256 512

预处理

如何处理输入图像

裁剪 缩放 完整 裁剪后扩展 填充至完整

静止模式 (更少的头部运动, 需要和 `完整` 预处理一起工作)

生成的单批数量 2

使用 GFPGAN 增强面部

生成

图 6-65

06 再次单击“生成”按钮，本习题最终得到的角色形象口型AI视频效果如图6-66所示。

图6-66

综合实例

本章导读

本章讲解如何用 Stable Diffusion 制作剪纸风格海报、微笑女孩图像及风格变化的 AI 视频。

学习要点

- 海报的制作。
- 控制角色形象的肢体动作。
- 使用不同的 Stable Diffusion 模型控制视频风格的变化。

7.1 绘制剪纸风格海报

效果位置	效果文件 > 第 7 章 >7.1.png
素材位置	素材 > 立春.jpg
视频位置	视频文件 > 第 7 章 > 绘制剪纸风格海报.mp4

本实例讲解如何绘制一组以立春为主题的剪纸风格海报。图7-1所示为本实例制作完成的图像结果。

图 7-1

7.1.1 上传文字图片

01 在“ControlNet单元0”卷展栏中，添加“立春.jpg”文件，勾选“启用”和“完美像素模式”复选框，设置“控制类型”为“Tile/Blur（分块/模糊）”，“控制权重”为0.25，然后单击Run preprocessor按钮，如图7-2所示。

图 7-2

02 经过计算，在“单张图片”选项卡中图片的右侧会显示计算得到的文字分块图，如图7-3所示。

图 7-3

03 在“ControlNet单元1”卷展栏中，添加“立春.jpg”文件，勾选“启用”和“完美像素模式”复选框，设置“控制类型”为“Depth（深度）”，“控制权重”为0.65，然后单击Run preprocessor按钮，如图7-4所示。

图 7-4

04 经过一段时间的计算，在“单张图片”选项卡中图片的右侧会显示计算得到的文字深度图，如图7-5所示。

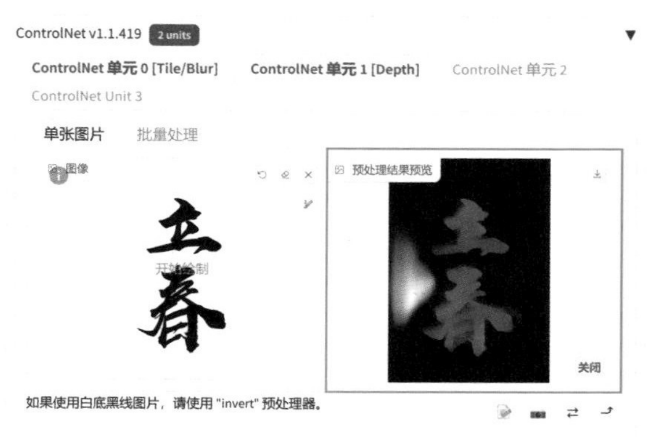

图 7-5

05 在“ControlNet单元2”卷展栏中，添加“立春.jpg”文件，勾选“启用”和“完美像素模式”复选框，设置“控制类型”为“Canny（硬边缘）”，“控制权重”为0.6，然后单击Run preprocessor按钮，如图7-6所示。

图 7-6

06 经过一段时间的计算，在“单张图片”选项卡中图片的右侧会显示计算得到的文字硬边缘图，如图7-7所示。

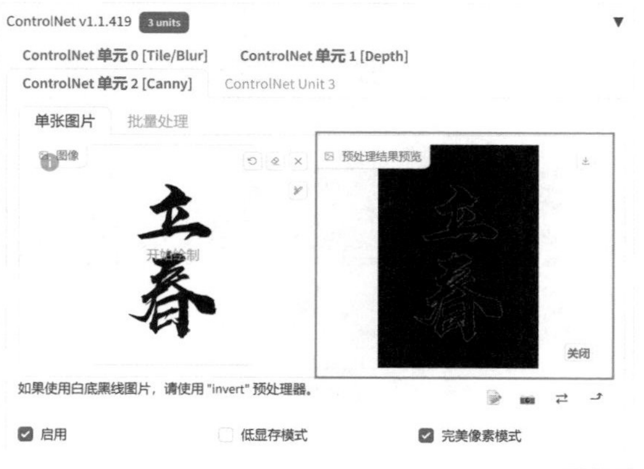

图 7-7

07 在“生成”选项卡中，设置“迭代步数（Steps）”为30，“宽度”为700，“高度”为1000，“总批次数”为2，如图7-8所示。

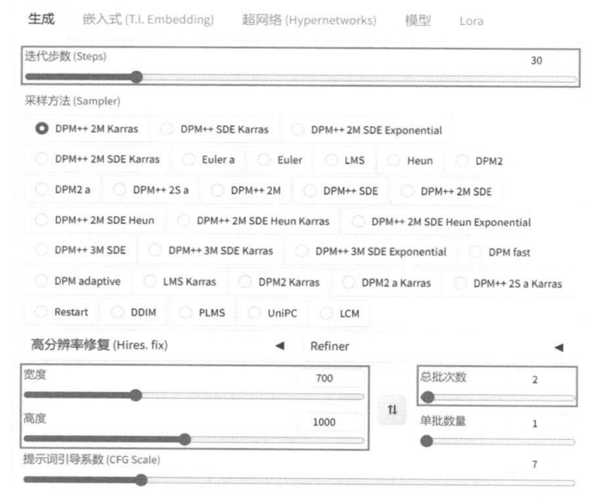

图 7-8

7.1.2 绘制剪纸风格海报

01 在“模型”选项卡中，单击“ReV Animated”，如图7-9所示，将其设置为“Stable Diffusion 模型。

02 设置“外挂VAE模型”为None，在“文生图”选项卡中输入正向提示词“山脉，花，桃花，梅花，树，草，凉亭，蓝天，云，画框，浅色背景”，按Enter键生成对应的英文正向提示词“mountain,flower,peach_blossom,plum_blossom,tree,grass,gazebo,blue_sky,cloud,picture frame,light_background,”，如图7-10所示。

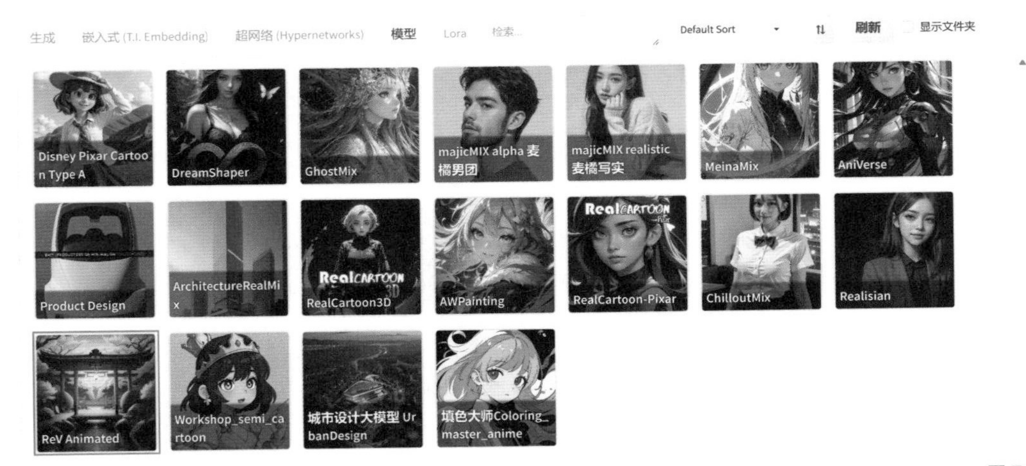

图 7-9

图 7-10

03 在“反向词”文本框内输入“正常质量，最差质量，低分辨率，低质量”，按Enter键将其翻译为英文“normal quality,worst quality,lowres,low quality,”，并提高这些反向提示词的权重，如图7-11所示。

图 7-11

04 在“Lora”选项卡中，单击“paper-cut-剪纸风格lora”，如图7-12所示。

05 设置完成后，可以看到该Lora模型会出现在“正向提示词”文本框中，设置“paper-cut-剪纸风格lora”模型的权重为0.7，如图7-13所示。

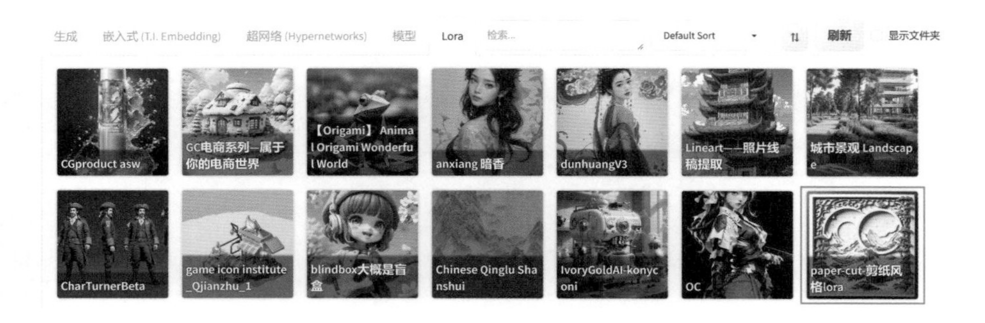

图 7-12

图 7-13

06 单击“生成”按钮，绘制的立春主题剪纸风格海报效果如图7-14所示。

图 7-14

07 在“高分辨率修复（Hires.fix）”卷展栏中，设置“高分迭代步数”为20，“放大倍数”为1.5，如图7-15所示。

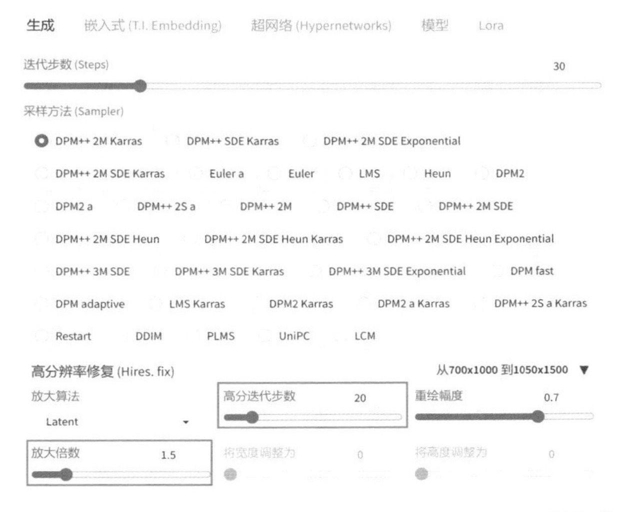

图 7-15

08 重绘图像，得到的海报效果如图7-16所示。

图 7-16

7.2 绘制微笑的女孩

效果位置	效果文件 > 第 7 章 >7.2.png
素材位置	无
视频位置	视频文件 > 第 7 章 > 绘制微笑的女孩.mp4

本实例讲解如何使用OpenPose编辑器通过设置角色形象的肢体动作来绘制一个微笑的女孩图像。图7-17所示为本实例制作完成的图像结果。

图 7-17

7.2.1 调整骨骼图

01 打开“OpenPose编辑器”选项卡，如图7-18所示。

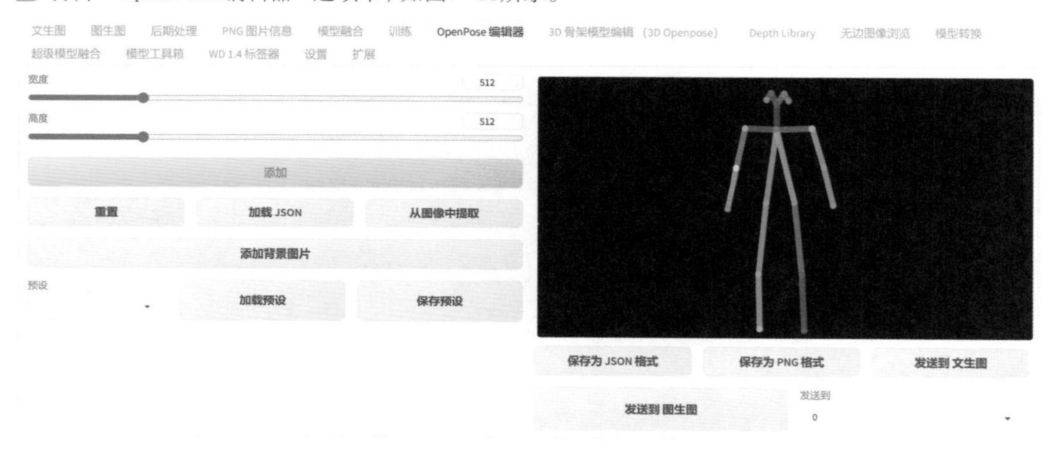

图 7-18

02 在“OpenPose编辑器”选项卡中，设置“宽度”为700，“高度”为1000，如图7-19所示。

03 缩放并调整骨骼的姿势，如图7-20所示。

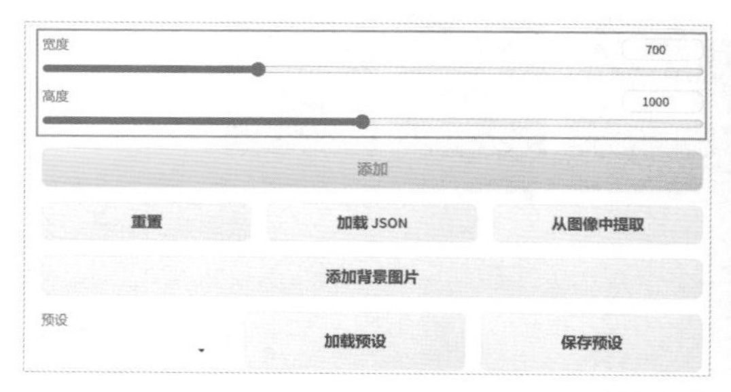

图 7-19

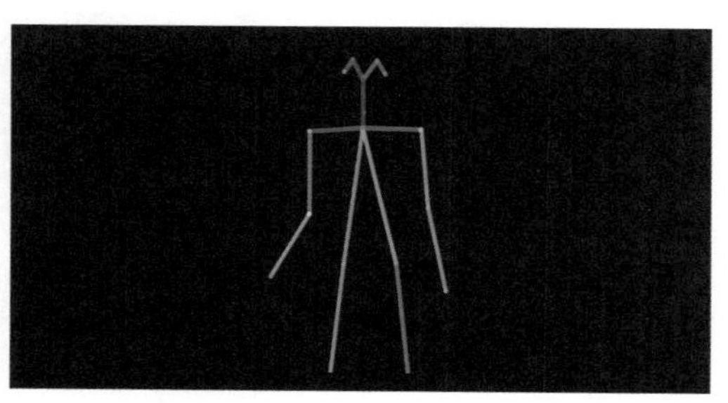

图 7-20

04 单击“发送到 文生图”按钮，如图7-21所示。

05 在“ControlNet v1.1.419”卷展栏中，即可看到刚刚调整完成的骨骼图，勾选“启用”复选框，设置“控制类型”为“OpenPose（姿态）”，“预处理器”为none，“控制模式”为“更偏向ControlNet”，如图7-22所示。

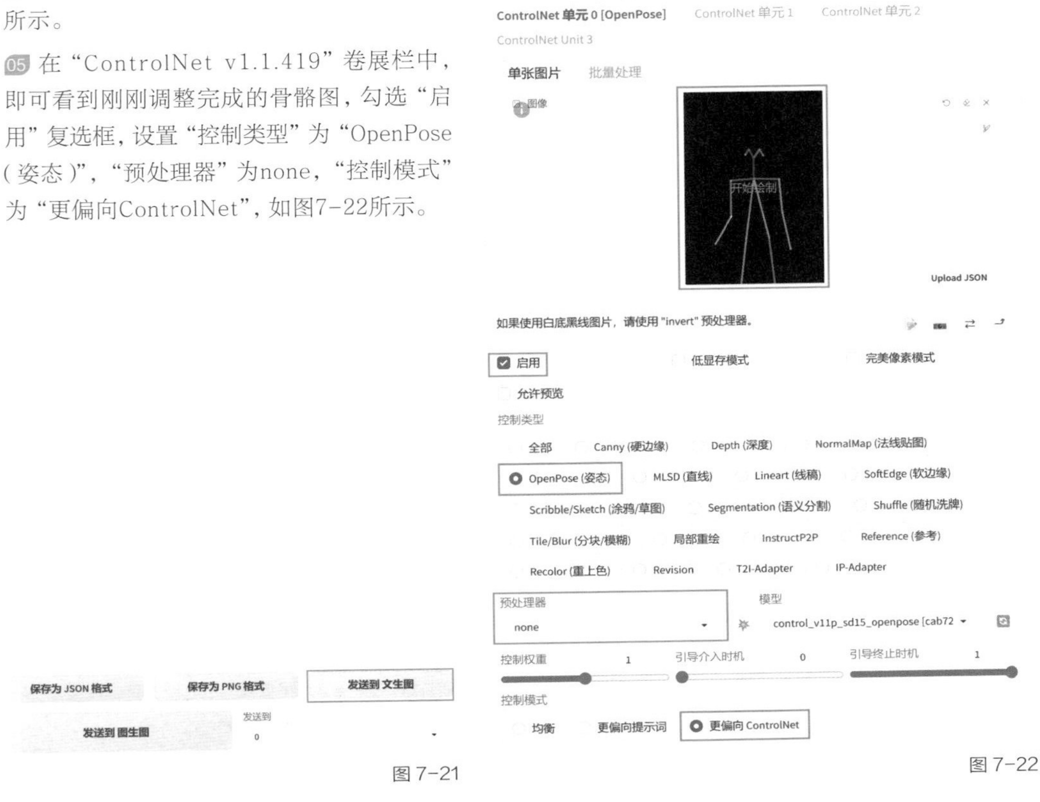

图 7-21

图 7-22

7.2.2 根据骨骼图绘制角色形象

01 在“模型”选项卡中，单击“majicMIX realistic麦橘写实”，如图7-23所示，将其设置为“Stable Diffusion模型”。

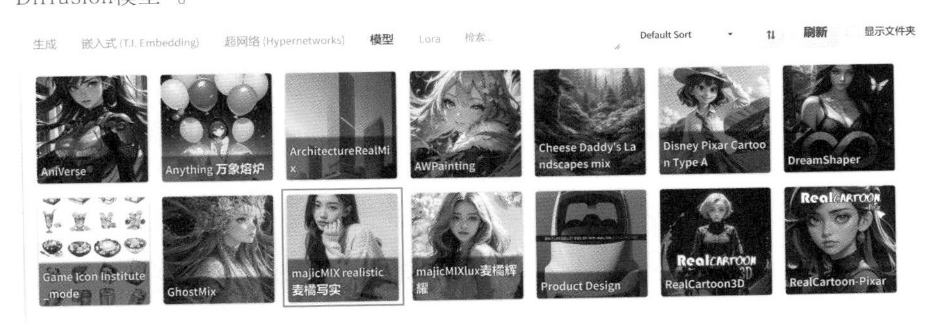

图 7-23

02 设置“外挂VAE模型”为None，在“文生图”选项卡中输入正向提示词“1女孩，黑色头发，单人，微笑，粉红色裙子，格子花纹/格子的，白色衬衣，海边，云”，按Enter键生成对应的英文正向提示词

"1girl,black hair,solo,smile,pink skirt,checkered,white shirt,over the sea,cloud,", 如图7-24所示。

图 7-24

03 在"嵌入式（T.I.Embedding）"选项卡中，单击"badhandv4"，如图7-25所示，将其添加至"反向词"文本框中，如图7-26所示。

图 7-25

7/75
badhandv4,
反向词 (7/75)
请输入新关键词
badhandv4

图 7-26

04 在"反向词"文本框内输入"正常质量，最差质量，低质量，低分辨率"，按Enter键将其翻译为英文"normal quality,worst quality,low quality,lowres,"，并提高这些反向提示词的权重，如图7-27所示。

图 7-27

05 在“生成”选项卡中，设置“迭代步数（Steps）”为30，“高分迭代步数”为20，“放大倍数”为1.5，“宽度”为700，“高度”为1000，“总批次数”为2，如图7-28所示。

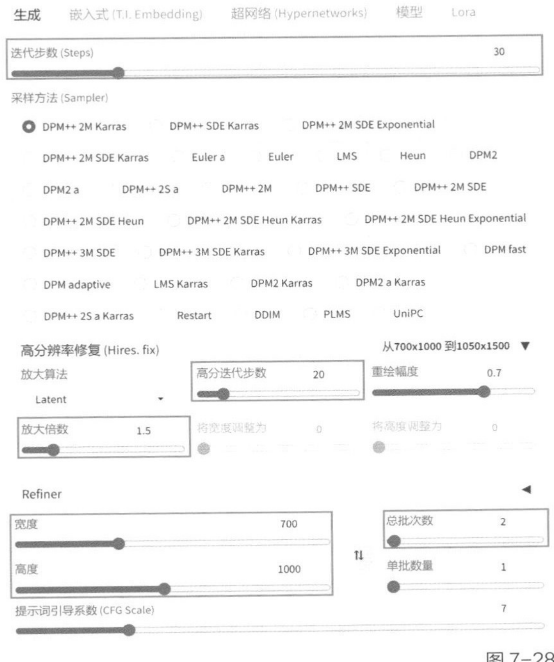

生成
嵌入式(T.I. Embedding)
超网络(Hypernetworks)
模型
Lora
迭代步数(Steps)
30
采样方法(Sampler)
DPM++ 2M Karras
DPM++ SDE Karras
DPM++ 2M SDE Exponential
DPM++ 2M SDE Karras
Euler a
Euler
LMS
Heun
DPM2
DPM2 a
DPM++ 2S a
DPM++ 2M
DPM++ SDE
DPM++ 2M SDE
DPM++ 2M SDE Heun
DPM++ 2M SDE Heun Karras
DPM++ 2M SDE Heun Exponential
DPM++ 3M SDE
DPM++ 3M SDE Karras
DPM++ 3M SDE Exponential
DPM fast
DPM adaptive
LMS Karras
DPM2 Karras
DPM2 a Karras
DPM++ 2S a Karras
Restart
DDIM
PLMS
UniPC
高分辨率修复(Hires. fix)
从700x1000 到1050x1500
放大算法
Latent
高分迭代步数
20
重绘幅度
0.7
放大倍数
1.5
将宽度调整为
0
将高度调整为
0
Refiner
宽度
700
高度
1000
总批次数
2
单批数量
1
提示词引导系数(CFG Scale)
7

图7-28

06 设置完成后，绘制的图像结果如图7-29所示，可以看到这些图像的效果基本符合之前所输入的提示词规定的效果且角色形象的肢体动作与骨骼图的姿势一致。

ControlNet v1.1.419
1 unit
ControlNet 单元 0 [OpenPose]
ControlNet 单元 1
ControlNet 单元 2
ControlNet Unit 3
单张图片
批量处理
图像
开始绘制
Upload JSON
如果使用白底黑线图片，请使用 "invert" 预处理器。
启用
低显存模式
完美像素模式
允许预览
控制类型
全部
Canny (硬边缘)
Depth (深度)
NormalMap (法线贴图)
OpenPose (姿态)
MLSD (直线)
Lineart (线稿)
SoftEdge (软边缘)
Scribble/Sketch (涂鸦/草图)
Segmentation (语义分割)
Shuffle (随机洗牌)
Tile/Blur (分块/模糊)
局部重绘
InstructP2P
Reference (参考)
Recolor (重上色)
Revision
T2I-Adapter
IP-Adapter
1girl,black hair,solo,smile,pink skirt,checkered,white shirt,over the sea,cloud,
Negative prompt: badhandv4,(normal quality:2),(worst quality:2),(low quality:2),(lowres:2),
Steps: 30, Sampler: DPM++ 2M Karras, CFG scale: 7, Seed: 2513083394, Size: 700x1000, Model hash: 7c819b6d13,
Model: majicMIX realistic 麦橘写实, Denoising strength: 0.7, Clip skip: 2, ControlNet 0: "Module: none, Model:
control_v11p_sd15_openpose [cab727d4], Weight: 1, Resize Mode: Crop and Resize, Low Vram: False, Guidance
Start: 0, Guidance End: 1, Pixel Perfect: False, Control Mode: ControlNet is more important, Save Detected Map:
True", Hires upscale: 1.5, Hires steps: 20, Hires upscaler: Latent, TI hashes: "badhandv4: 5e40d722fc3d", Version:
v1.6.0-2-g4afaaf8a
用时 59.9 sec.
A: 7.40 GB, R: 8.25 GB, Sys: 10.2/11.9941 GB (85.0%)

图7-29

07 读者可以尝试多次绘制图像，图7-30中的图像均为使用同样提示词绘制出的图像。

图 7-30

技巧与提示

通过以上图像中角色形象的服装可以看出，绘制的图像效果有一定的概率不符合我们输入的提示词规定的效果。

7.3 制作风格变化的AI视频

效果位置	效果文件 > 第 7 章 >7.3.mp4
素材位置	素材 > 红衣服女生.png
视频位置	视频文件 > 第 7 章 > 制作风格变化的 AI 视频.mp4

本实例讲解如何使用不同的Stable Diffusion模型转变AI视频的风格，制作一段由写实风格向动画风格转变的视频。图7-31所示为本实例所生成视频的序列静帧画面。

图 7-31

01 在“模型”选项卡中，单击“majicMIX realistic麦橘写实”，如图7-32所示，将其设置为“Stable Diffusion模型”。

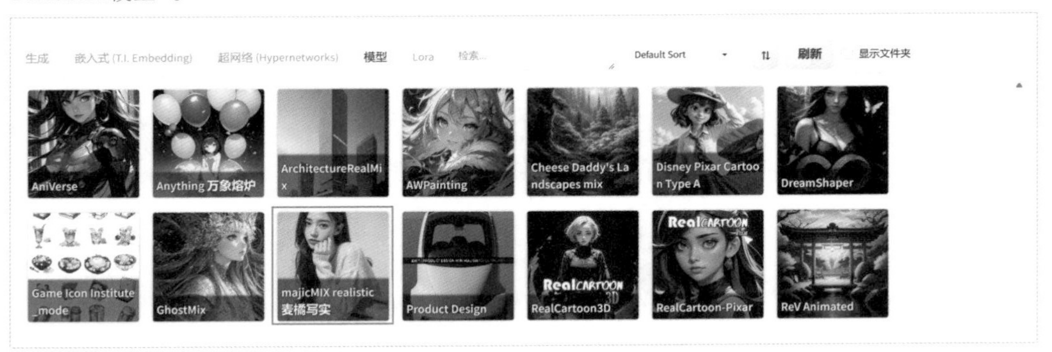

图7-32

02 设置“外挂VAE模型”为None，在“文生图”选项卡中输入正向提示词“1女孩，红色衬衣，领带，微笑，侧脸，上半身，在花园里”，按Enter键生成对应的英文正向提示词“1girl,red shirt,necktie,smile,side face,upper_body,in the garden,”，如图7-33所示。

03 在“反向词”文本框内输入“正常质量，最差质量，低质量，低分辨率”，按Enter键将其翻译为英文“normal quality,worst quality,low quality,lowres,”，并提高这些反向提示词的权重，如图7-34所示。

图7-33

图7-34

04 在“生成”选项卡中，设置“迭代步数（Steps）”为40，“宽度”为800，“高度”为450，“总批次数”为4，如图7-35所示。

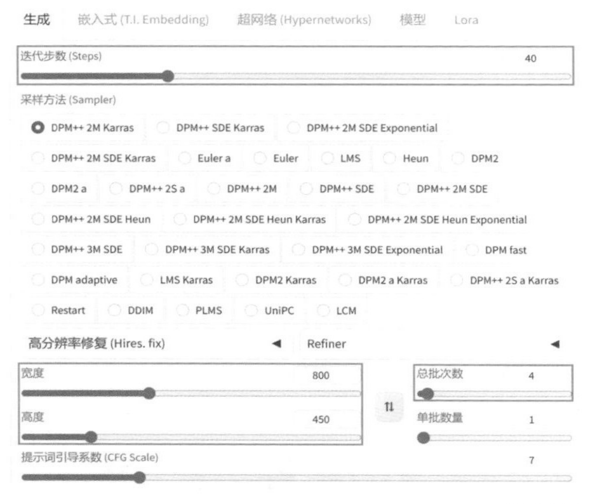

图 7-35

05 设置完成后，绘制的图像结果如图7-36所示，可以看到这些图像的效果基本符合之前所输入的提示词规定的效果，我们可以选择其中一张图像作为AI视频的第1帧画面。

06 在“提示词”选项卡中，将生成该画面的英文正向提示词复制并粘贴至“提示词”文本框中，如图7-37所示，使得在第0帧的位置，视频展现的为一个女孩在花园中的场景。

图 7-36

运行
关键帧
提示词
初始化
ControlNet
混合视频
输出
关于提示词模式的重要提示
提示词
{
"0": "1girl,red shirt,necktie,smile,side face,upper_body,in the garden,",
"30": "anthropomorphic clean cat, surrounded by fractals, epic angle and pose, symmetrical, 3d, depth of field",
"60": "a beautiful coconut --neg photo, realistic",
"90": "a beautiful durian, award winning photography"
}

图 7-37

07 在“模型”选项卡中，单击“Workshop_semi_cartoon”，如图7-38所示，将其设置为“Stable Diffusion模型”。

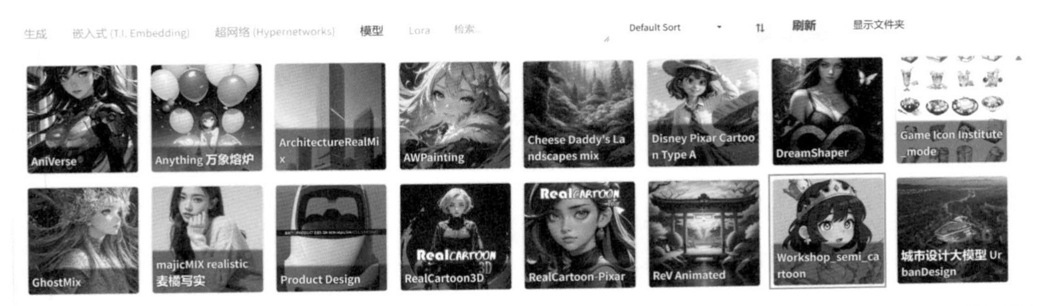

图 7-38

08 在“文生图”选项卡中删除之前的正向提示词，重新输入正向提示词“山脉，树，花，蓝天，云”，按Enter键生成对应的英文正向提示词“mountain,tree,flower,blue_sky,cloud,”，如图7-39所示。

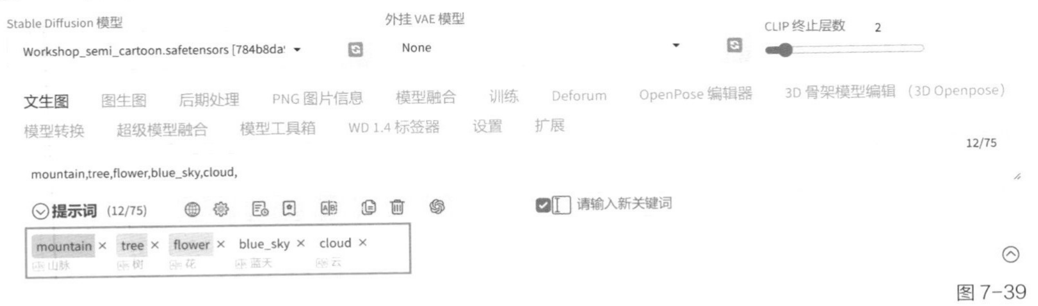

图 7-39

09 设置完成后，绘制的图像结果如图7-40所示，可以看到这些图像的效果基本符合之前所输入的提示词规定的效果，这样读者就可以对视频里在写实场景后出现的动画场景效果有一个大概的了解。

图 7-40

10 在“提示词”选项卡中，将生成该画面的英文正向提示词复制并粘贴至“提示词”文本框中，如图7-41所示，使得在第60帧的位置，视频展现的为二维风格的动画场景。

图 7-41

11 在“提示词”选项卡中，将“文生图”选项卡中的英文反向提示词复制并粘贴至“反向提示词”文本框中，如图7-42所示。

12 在“初始化”选项卡中，勾选“启用初始化”复选框，设置“强度”为1，并将之前生成的较为满意的角色形象图上传至“初始化图像输入框”内，使其作为该视频的第1帧画面，如图7-43所示。

运行 关键帧 提示词 初始化 ControlNet 混合视频 输出

关于提示词模式的重要提示

提示词

JSON 格式的完整提示词列表, 左边的值是帧序号

{
"0": "1girl,red shirt,necktie,smile,side face,upper_body,in the garden,",
"60": "mountain,tree,flower,blue_sky,cloud,"
}

正向提示词

这里的提示词将被添加到所有正向提示词的开头

反向提示词

(normal quality:2),(worst quality:2),(low quality:2),(lowres:2),

蒙版组合调度计划

图 7-42

图 7-43

13 在“运行”选项卡中，设置“迭代步数”为40，“宽度”为800，“高度”为450，如图7-44所示。

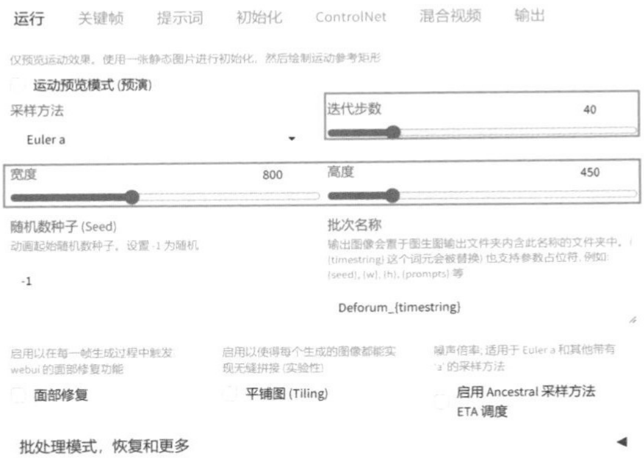

运行　关键帧　提示词　初始化　ControlNet　混合视频　输出

仅预览运动效果。使用一张静态图片进行初始化，然后绘制运动参考矩形

运动预览模式 (预演)

采样方法

Euler a

迭代步数　40

宽度　800

高度　450

随机数种子 (Seed)

动画起始随机数种子，设置 -1 为随机

-1

批次名称

输出图像会置于图生图输出文件夹内含此名称的文件夹中。{timestring} 这个词元会被替换) 也支持参数占位符, 例如: {seed}, {w}, {h}, {prompts} 等

Deforum_{timestring}

启用以在每一帧生成过程中触发 webui 的面部修复功能

面部修复

启用以使得每个生成的图像都能实现无缝拼接 (实验性)

平铺图 (Tiling)

噪声倍率, 适用于 Euler a 和其他带有 'a' 的采样方法

启用 Ancestral 采样方法 ETA 调度

批处理模式，恢复和更多

图 7-44

14 在“关键帧”选项卡中，设置“动画模式”为3D，“边界处理模式”为“覆盖”，如图7-45所示。

图 7-45

15 在“模型”选项卡中，勾选“启用模型调度计划”复选框，并分别设置第0帧和第60帧所使用的Stable Diffusion模型，如图7-46所示。

图 7-46

16 在“运动”选项卡中，设置“平移Z”为0:(0)，“3D翻转Y”为0:(-1)，如图7-47所示。

图 7-47

17 单击“生成”按钮，如图7-48所示，Stable Diffusion即可开始根据我们提供的提示词生成视频。本实例生成的AI视频效果如图7-49所示。

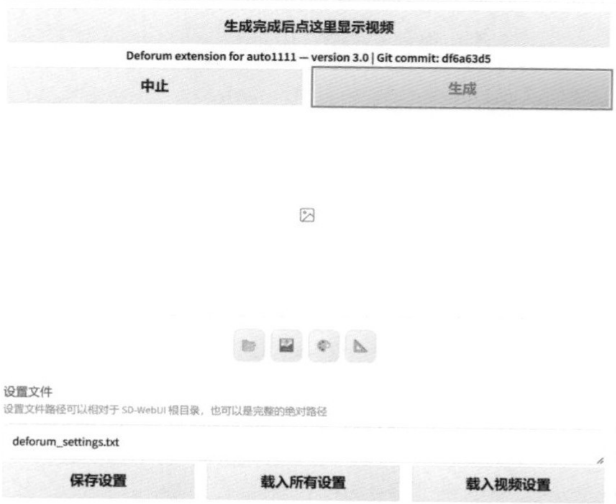

图 7-48

Stable Diffusion 模型
Workshop_semi_cartoon.safetensors [784b8da
外挂 VAE 模型
None
CLIP 终止层数
2
文生图
图生图
后期处理
PNG 图片信息
模型融合
训练
Deforum
OpenPose 编辑器
3D 骨架模型编辑（3D Openpose）
Depth Library
无边图像浏览
模型转换
超级模型融合
模型工具箱
WD 1.4 标签器
设置
扩展
基本信息与帮助链接
显示更多信息
运行
关键帧
提示词
初始化
ControlNet
混合视频
输出
图像初始化
视频初始化
蒙版初始化
参数定序器 (parameter sequencer)
启用初始化
强度为 0 时停用初始化
强度
1
初始化图像链接
初始化图像输入框
Update the video
关闭视频
Deforum extension for auto1111 — version 2.4b
0:00 / 0:07
生成
图 7-49